과학페어(과학토론)대회 Ⅱ

과학페어(과학토론)대회 Ⅱ
초판발행 | 2025년 05월 02일
저자 | 박진국
발행인 | 주식회사 생수의 강
편집인 | 우현
발행처 | 리얼숲(REAL SOUP)

등록번호 | 제2017-000119호
부산시 중구 흑교로17번길 15, 2층
전화 | 02-536-2046
팩스 | 02-333-8326 (주문)
메일 | realsoup1@naver.com

ⓒ 리얼숲
정가 : 20,000원
ISBN : 979-11-977793-5-0 13370

진국소장님과 함께하는 무한코칭

과학페어대회 II
(과학토론)

리얼숲출판사

서문

과학적 사고와 창의력을 키우는 실전형 토론 교재, 그 두 번째 이야기

미래를 여는 과학토론, 그 중심에 서다

과학의 발전은 우리 삶의 방식을 바꾸고, 인류의 미래를 설계하는 데 핵심적인 역할을 해왔습니다. 지금 우리는 기후변화, 인공지능, 생명윤리, 우주탐사 등 끊임없이 새롭게 떠오르는 과학적 이슈들 속에서 살고 있습니다. 이러한 시대적 흐름 속에서, 과학적 사고력과 창의적 문제해결 능력을 갖춘 인재는 그 어느 때보다 절실하게 요구되고 있습니다.

《과학페어대회2》는 이처럼 빠르게 변화하는 과학적 환경에 대응하고자 새롭게 구성된 실전형 과학토론 준비 교재입니다. 최신 과학 이슈들을 반영한 다양한 논제와 실제 토론 개요서 예시를 수록하여, 과학토론대회를 준비하는 학생들이 실질적인 연습을 할 수 있도록 설계되었습니다. 특히, 최근 대회에서 주로 다루어지는 논제의 주제가 더욱 다양화되고 있는 만큼, 본 교재는 이러한 흐름에 맞춰 보다 폭넓고 깊이 있는 논제들을 담아냈습니다.

또한 단순히 논제만 제시하는 것이 아니라, 실제 토론대회의 전개 방식을 이해하고 준비할 수 있도록 질의응답 예시, 발표문 작성법, 예상 질문 구성 등 토론의 전 과정을 아우르는 콘텐츠를 수록하였습니다. 이 책은 단순한 문제풀이용 교재를 넘어, 학생들이 과학적 통찰력과 표현력을 기를 수 있는 통합적 학습 도구가 될 것입니다.

《과학페어대회2》는 과학고, 영재학교, 특목고 진학을 목표로 하는 학생들에게는 필수적인 실전서가 될 수 있으며, 교내 과학토론대회에서 우수한 성과를 내고자 하는 학생들에게도 큰 도움이 될 것입니다. 그러나 꼭 진학을 위한 목적이 아니더라도, 과학에 대한 호기심을 가진 누구나 이 책을 통해 사고의 폭을 넓히고 세상을 보는 눈을 키울 수 있습니다. 과학토론은 단지 지식의 암기나 논리적 싸움이 아니라, 사회와 미래를 바라보는 과학적 시선을 키우는 소중한 훈련입니다.

과학적인 지식이 아직 부족하다고 두려워할 필요는 없습니다. 본 교재에 수록된 기출 논제를 바탕으로 개요서를 써보고, 발표 연습을 하며, 예상 질문을 만들어 스스로 답을 찾아가는 과정에서 점차 실력이 쌓일 것입니다. 검색 능력을 키우고, 다양한 정보 속에서 핵심을 파악하며 정리하는 연습을 반복하다 보면 과학적 사고력 또한 자연스럽게 향상됩니다.

무엇보다 중요한 것은 '호기심'과 '도전정신'입니다. 다양한 논제를 탐구하며, 그 안에서 나만의 시선으로 문제를 바라보는 연습을 해보세요. 여러분이 바로 내일의 과학토론대회를 이끌어갈 주인공입니다. 스스로에 대한 믿음을 가지고 한 걸음씩 나아가길 바랍니다.

《과학페어대회2》는 지금 시대를 살아가는 학생들에게 꼭 필요한 교재이며, 앞으로의 시대를 준비하는 데 더없이 소중한 동반자가 될 것입니다.

여러분의 성장을 응원합니다.

목차

Part1. 과학토론대회를 위한 꿀팁! • 6

Part2. 청소년 과학페어(과학토론) 요강 • 10

Part3. 과학토론대회 지도 방법 안내 • 16

Part4. 최신 과학토론대회 기출 논제 총정리 • 20

Part5. 논제 토론 개요서 작성 방법 안내 • 30

Part6. 토론 개요서 예시를 통한 토론 개요서 작성 심화 훈련 • 32

Part7. 토론 개요서 예시를 통한 토론 발표 및 질의응답 훈련 • 58

Part8. 최신 기출 논제들에 대한 토론개요서 예시 및 분석 훈련 • 89

Part9. 과학토론대회 예상 논제 및 개요서 총정리 • 123

Part 1 과학토론대회를 위한 꿀팁!

1. 과학페어대회, 미래를 준비하는 가장 실전적인 훈련

가. 과학페어대회에 필요한 핵심 역량은 무엇일까요?

미래 사회에서 요구되는 가장 중요한 능력 중 하나는 문제 해결력입니다. 오늘날 우리는 기후변화, 생명윤리, 기술 오남용, 감염병 등 예측하기 어려운 다양한 과제들과 마주하고 있습니다. 이러한 문제는 단순한 지식으로 해결되지 않으며, 복잡한 사회적·과학적 맥락을 이해하고 해결 방안을 창의적이고 논리적으로 제시할 수 있어야 합니다.

이런 능력은 단시간에 완성되지 않습니다. 반복되는 시도와 실패, 다양한 도전을 통해 조금씩 길러지는 역량입니다. 과학토론대회는 바로 그 과정을 경험할 수 있는 최고의 무대입니다. 단순한 지식 암기가 아니라, 과학적 탐구와 비판적 사고, 표현력과 팀워크, 자료 분석력까지 모두 요구되기 때문입니다.

나. 과학페어대회는 어떻게 달라졌을까요?

과거에는 실험이나 조사 중심의 탐구 보고서를 먼저 작성한 뒤 발표와 토론이 진행되었지만, 최근의 과학페어대회는 '토론개요서' 중심의 새로운 형식으로 운영되고 있습니다. 참가자들은 직접 실험을 하진 않더라도, 과학적 탐구 설계를 기반으로 한 실천 가능한 해결 방안을 제시해야 하며, 이를 뒷받침하는 논문, 통계, 사례 등 신뢰할 수 있는 자료를 찾아 설득력을 높여야 합니다.

이러한 과정은 단순히 과학 이론을 아는 것을 넘어서, 탐구적 사고를 실제 문제에 적용하는 훈련이 됩니다. 즉, 과학탐구를 직접 수행하지 않더라도, 마치 실험한 것과 같은 설계적 사고와 근거 기반 주장을 통해 간접적인 탐구 효과를 얻을 수 있습니다.

다. 과학페어대회를 통해 어떤 능력을 키울 수 있을까요?

과학토론대회는 단순히 '과학을 잘 아는 학생'을 선발하는 자리가 아닙니다. 오히려 아래와 같은 복합적 역량을 갖춘 인재를 길러내기 위한 장입니다:

1) 문제 상황 분석력

　논제가 제시된 배경과 문제의 본질을 파악하고, 과학적으로 해결 가능한 관점을 찾아내는 힘이 중요합니다.

2) 과학적 반론과 근거 구성 능력

　설득력 있는 아이디어를 내는 것만큼, 반론을 예상하고 이를 과학적으로 반박할 수 있는 근거를 준비하는 것이 핵심입니다.

3) 검색과 정보 분석 능력

과거처럼 자료가 주어지는 방식이 아니라, 스스로 정보를 검색하고 선별하여 토론개요서에 활용해야 합니다. 이때 '좋은 자료'와 '쓸 수 있는 자료'를 구분하는 능력이 필요합니다.

4) 과학 탐구 설계력

실제로 실험하지 않더라도, 실현 가능한 탐구 과정을 논리적으로 설계하고 그 가능성을 제시할 수 있어야 합니다. 과학고, 영재학교 등을 준비하며 기초를 다진 학생들은 여기서 더 두각을 드러낼 수 있습니다.

5) 토론 중심의 개요서 작성 능력

글을 잘 쓴다고 해서 좋은 개요서가 되는 것은 아닙니다. 과학토론은 논술문이 아니라 토론 전략이 담긴 설계도이므로, 목적에 맞는 간결하고 논리적인 구성력이 필요합니다.

6) 과학 이슈에 대한 지속적인 관심

신문, 과학 잡지, 시사 자료 등을 꾸준히 읽는 습관이 중요합니다. 특히 전국대회나 시·도 대회의 논제는 해당 연도의 과학 및 사회적 이슈에서 출제되는 경우가 많아, 시사감각이 곧 준비력으로 이어집니다.

라. 노력은 결코 배신하지 않습니다

과학토론대회는 결코 쉬운 대회가 아닙니다. 그러나 그만큼 짧은 시간 안에 다양한 능력을 통합적으로 성장시킬 수 있는 값진 기회입니다. 실제로 매년 대회에 꾸준히 도전하는 학생들의 실력은 눈에 띄게 향상되며, 대회를 경험한 학생들은 자기 스스로도 얼마나 성장했는지를 실감하게 됩니다.

무엇보다 중요한 것은 미리 준비하고, 꾸준히 연습하며, 자기만의 방식으로 도전하는 자세입니다. 수상이 목표일 수 있지만, 그보다 더 큰 성과는 바로 '어제보다 성장한 나'를 만나는 것입니다.

마. 이 교재로 차근차근, 토론 실력을 키워보세요

《과학페어대회》 시리즈는 여러분이 과학토론대회를 준비하는 데 있어 실질적인 도움을 주기 위해 만들어졌습니다. 다양한 기출 논제, 개요서 예시, 발표문과 질의응답 자료까지 포함되어 있어, 처음부터 끝까지 체계적으로 준비할 수 있습니다.

하나하나 따라가다 보면 어느 순간, 과학을 바라보는 눈이 달라지고, 세상을 분석하는 힘이 생기며, 표현력과 사고력이 함께 성장하게 됩니다.

과학적 상상력과 비판적 사고로 세상을 바꾸는 주인공은 바로 여러분입니다. 이제, 도전해볼 시간입니다.

2. 과학페어대회 입상을 위한 실전 활용 꿀팁!

《과학페어대회》교재 200% 활용법

과학페어대회(과학토론대회)는 단순히 과학지식을 평가하는 대회가 아닙니다. 문제해결력, 사고력, 표현력, 자료 분석력, 창의성을 종합적으로 요구하는 대회로, 준비 방법에 따라 결과가 크게 달라질 수 있습니다. 이 책은 이러한 복합적 역량을 실전에서 발휘할 수 있도록 도와주는 체계적인 교재입니다. 그럼 이 교재를 최대한 활용해 입상 가능성을 높이는 꿀팁들을 소개합니다!

가. 청소년 과학페어(과학토론대회) 요강 완벽 분석!

대회 공지사항과 심사 기준을 꼼꼼히 확인하세요. 매년 대회마다 약간씩 달라지는 양식이나 필수 요소들이 있으므로, 안내문과 공문을 처음부터 끝까지 숙지하는 것이 가장 기본이자 중요한 준비입니다.

토론개요서 및 동영상 제출 요령등 형식적 기준을 철저히 지켜야 감점 없이 좋은 평가를 받을 수 있습니다. 아무리 내용이 훌륭해도 형식을 지키지 않으면 불이익을 받을 수 있습니다.

나. 지도 선생님의 심사 스타일 파악하기

교내대회나 예선에서는 심사 기준이 학교마다 조금씩 다를 수 있습니다.

창의적인 아이디어가 돋보이더라도, 심사하시는 선생님의 평가 기준에 따라 점수 차이가 발생할 수 있습니다. 보다 안정적인 점수를 위해서는 객관적이고 근거 기반의 개요서 구성이 중요합니다. 특히 지역 예선이나 전국대회로 갈수록 공식 심사 기준에 맞춘 전략적 준비가 핵심입니다.

다. 최신 전국 및 주요 학교 기출 논제로 실전 연습!

실제 과학토론대회에서 자주 등장하는 논제들을 기출논제 중심으로 연습해 보세요.

전국대회 논제, 과학고·영재고·특목고 교내대회 논제들은 시사 이슈와 과학 트렌드를 반영한 고난도 주제가 많습니다.

《과학페어대회》교재에는 이러한 다양한 기출 논제와 예시 개요서가 수록되어 있어 실제 대회를 대비하는 데 큰 도움이 됩니다.

라. 개요서 예시 분석 + 자기 글 피드백 전략

다른 학생들이 쓴 우수 토론개요서와 자신의 개요서를 비교 분석해보세요.

장점과 단점을 구체적으로 분석하고, 반론 개요서를 쓰듯이 논리의 허점을 찾아내는 연습을 하면 실력이 급상승합니다.

이렇게 반복하면서 작성한 개요서는 자연스럽게 과학적 깊이와 설득력을 갖추게 됩니다.

마. 토론개요서 작성 노하우 정복하기

개요서 작성은 단순한 보고서 쓰기가 아닙니다. 토론 전략이 담긴 설계서입니다.

문제 정의 ⇒ 해결 방안 도출 ⇒ 근거 자료 정리 ⇒ 반론 예상 및 대응 전략까지 체계적으로 구성하는 연습이 중요합니다.

이 교재에 수록된 양식, 사례, 작성 팁을 반복 연습하면서 자기만의 스타일로 체득하세요.

바. 최신 예상 논제로 실전 감각 키우기

매년 이슈가 되는 과학, 사회, 기술, 생명윤리 등에서 논제 출제 가능성이 높은 주제를 추려 연습해보세요.

시간이 부족할 때는 전체 개요서가 아닌, 핵심 아이디어와 해결 방안만 정리해보는 것도 효과적입니다.

교재에 포함된 예상 논제 외에도 신문, 과학 칼럼, 뉴스 기사 등을 읽으면서 자주 나오는 문제를 찾아 '내가 논제를 만든다면?'이라는 시각으로 접근해 보세요.

보너스 팁: 실전 감각을 키우는 추가 전략

역할 바꿔 보기: 친구나 팀원과 함께 찬성과 반대를 번갈아 맡아보면, 다양한 시각에서 주제를 볼 수 있습니다.

질의응답 시뮬레이션: 발표 후 받을 수 있는 질문을 예상해보고, 그에 대한 답변을 미리 준비해두면 발표 자신감이 올라갑니다.

동영상으로 연습 발표 녹화: 스스로 발표 영상을 보면서 말투, 속도, 설득력 등을 점검하고 개선해 보세요.

이 책은 '과학토론 실전형 교재'입니다!

《과학페어대회》는 단순한 예시 모음집이 아닙니다.

기출 문제 분석, 논제 확장 훈련, 자료 검색법, 발표문 구성, Q&A 준비까지 대회를 위한 종합 실전 코칭북입니다. 이 교재를 따라가며 자신만의 개요서 작성과 발표 전략을 세우다 보면, 어느새 과학토론대회의 흐름과 본질을 꿰뚫는 실력을 갖추게 됩니다.

과학을 통해 생각하고, 문제를 해결하는 법을 배우는 가장 강력한 경험—

그 시작은 바로 이 책을 제대로 활용하는 것입니다.

Part 2 청소년 과학페어(과학토론) 요강(서울시 요강 예시)

2025년 제43회 서울청소년과학페어(과학토론) 개최요강

서울특별시교육청융합과학교육원 기획운영부

I. 대회 목적

가. 실생활 및 미래에 발생되는 문제 상황을 과학적으로 분석하여 창의적·논리적 해결 방안을 모색하고 다양한 정보를 수집·처리하는 정보처리역량 신장

나. 토의·토론 과정을 통해 문제 요인 및 해결 방안의 발전적 대안을 도출함으로써 과학적 의사소통 역량 향상

다. 실생활 및 미래사회에 일어나는 현상에 대해 과학적으로 사고하고, 탐구함으로써 과학 분야에 대한 소양 향상의 기회 제공

II. 운영 방침

가. 서울특별시대회는 전국대회 예선대회로서 전국대회 규정을 준용하며, 중학부, 고교부 각 상위 2명(1팀) 학생에게 전국대회 참가 자격 부여

나. 지도교사는 참가학생과 같은 학교 소속의 교원을 위촉해야 함

다. 서울특별시교육청 정책사업정비(2019년)에 따라 단위학교 대회는 자율로 운영

라. 학교별 예선 대회 참가 학생 인원은 단위학교 상황 및 규정에 따라 자율 결정

　※ 단, 예선대회 참가시 지도교사 1명당 지도(추천)할 수 있는 학생수는 2팀(4인)으로 제한함

마. 토론 논제
　1) 예선 논제: 2025. 4. 14.(월) 10:00, 융합과학교육원 홈페이지 탑재 예정
　2) 본선 논제: 본선 대회 당일 현장 발표

바. 대회 운영 과정상 사안이 발생 할 경우 심사위원회 회의를 통해 운영 사항을 결정함

III. 대회 개요

가. 주최: 서울특별시교육청

나. 주관: 서울특별시교육청융합과학교육원

다. 종목: 과학토론

라. 참가 대상: 서울특별시 중·고등학교 재학생

마. 참가 방법: 학생 2인 1팀 및 지도교사 1인으로 구성 (학년제한 없음)

바. 대회 단계

구분	제43회 서울청소년과학페어 예선대회			제43회 서울청소년과학페어 본선대회
	논제 발표	서류 접수	심사	
기간	4. 14.(월) 10:00 이후	5. 2.(금)~5. 9.(금)	5. 13.(화)~5. 29.(목)	7. 19.(토)
방법 및 장소	융합과학교육원 홈페이지 탑재	자료집계 및 온라인심사시스템	토론 개요서 및 동영상 심사	융합과학교육원 본원
대상	학교장 추천자			예선대회 우수자
비고	학교별 예선 대회 참가 학생 인원은 단위학교 상황 및 규정에 따라 자율 결정			학교급별 상위 1팀(2명) 전국청소년과학페어 참가

※ 「(구)청소년과학탐구대회」⇒ 2022년 이후 「청소년과학페어(과학토론)」로 운영

Ⅳ 대회 일정

단계	추진 내용	추진 기간	비고
예선 대회	예선 논제 탑재	2025. 4. 14.(월) 10:00 이후	-융합과학교육원 홈페이지 (학생교육-과학경진대회)
	예선 대회 접수	2025. 5. 2.(금) ~ 5. 9.(금)	-자료집계시스템 및 온라인심사 시스템 접수
	예선 심사	2025. 5. 13.(화) ~ 5. 29.(목)	
본선 대회	심사 결과 발표	2025. 6. 4.(수)	-융합과학교육원 홈페이지 및 학교 공문 발송
	본선 대회	2025. 7. 19.(토)	-중학부, 고교부 대회 운영 -융합과학교육원 본원
	심사 결과 발표	2025. 7. 25.(금) 예정	-융합과학교육원 홈페이지 및 학교 공문 발송
전국 대회	시상	2025. 7. 28.(월) 이후	-해당학교 상장 우편 발송, 학교장 전수
	전국대회 참가자 교육지원	2025. 8.~ 2025. 9.	-전국대회 참가 학생 및 지도교사 지원
	전국대회 참가	2025. 9.(예정)	

Ⅴ 예선 대회 운영 계획

가. 논제발표: 2025. 4. 14.(월) 10:00 이후 (융합과학교육원 홈페이지 탑재)

  ※ 위치: [융합과학교육원]-[학생교육]-[과학경진대회]-[청소년과학페어(과학토론)]

나. 참가신청: 2025. 5. 2.(금) ~ 5. 9.(금) (기한엄수)

※ 온라인심사시스템: https://ssei.sen.go.kr/contest/
※ 접수자용(교사용) ID: event43 PW: event43

제출 방법	제출 서류	파일명
자료집계시스템 [내부결재 후 제출]	【서식1】 참가 신청서 (직접 입력) 【서식2】 출품서약서, 개인정보제공· 이용 동의서, 지도교사확인서 (파일 첨부)	【서식2】 서약서(학교명_인원수.pdf) 예시) 서약서(융합중_2).pdf ※ 서명 후 1개의 pdf 파일로 제출
온라인심사시스템 https://ssei.sen.go.kr/contest/	【서식3】 과학토론 개요서 ※ 개요서 및 발표 동영상에 개인 인적사항이 드러나지 않도록 주의	개요서(학교명_키워드1개).hwp 예시) 개요서(융O중_페어).hwp ※ 파일명에 학교명이 모두 기재되지 않도록 반드시 예시 참고하여 등록 유의

※ 지도 교원이 온라인심사시스템 사이트에 접속하여 제출, [붙임4] 참조
※ [발표 동영상] ⇨ 개요서 파일 내 영상 주소 링크 포함하여 제출, [붙임5] 참조

다. 심사 기간: 2025. 5. 13.(화) ~ 5. 29.(목)
라. 심사 대상: [개요서], [발표 동영상]
마. 심사 결과 발표: 2025. 6. 4.(수) ※ 공문 발송 및 융합과학교육원 홈페이지 게시
바. 참가 방법
   1) 학생 2명 1팀 및 지도교사 1인으로 구성 (학년 제한 없음)
   2) 토론 개요서: A4 3매 이내(hwp 파일, 참고 자료 출처 명기)
   3) 발표 동영상: 개요서 내용을 바탕으로 토론 논제에 대한 팀의 주장과 근거를 발표하는 동영상을 촬영하여 제출 (학생 1명당 약 2분씩 총 4분 이내)

□ 발표 동영상 제작 기준
   가. 시간: 4분 이내로 제작 (반드시 시간 준수, 시간 내 내용만 심사에 반영함)
   나. 파일 크기 및 형식: 500MB 이내, mp4, avi 형태로 제작

□ 발표 동영상 제작 주의사항
   - 현장에서 토론 상황을 가정하여 주어진 논제에 대한 팀의 주장을 발표하는 형식으로 촬영해야 함(얼굴 노출O, PPT 슬라이드쇼 녹화 기능으로 프리젠테이션하는 것은 금지)
   - 화면에 발표 자료를 두는 것은 허용 (단, 화면 구성 변형 금지)
   - 클로즈업이나 화면전환 등의 촬영 기법 및 자막 금지(촬영 효과 등은 심사에서 반영하지 않음)
   - 영상 화면과 소리에 학생의 인적 사항(성명, 학교명, 교복 등) 관련 자료가 노출되면 심사과정에서 불이익이 있음
   - 발표자 외의 사람은 촬영되지 않도록 할 것

VI. 본선대회 운영 계획

가. 일시: 2025. 7. 19.(토)   ※ 본선 논제: 본선 대회 당일 현장 발표
나. 대상: 예선을 통과한 팀 대상 대면 토론으로 운영
다. 장소: 서울특별시융합과학교육원 본원
라. 대회 세부 내용(예정)

순서	구분	주요 내용
1	대회 준비	● 조 및 발표 순서 추첨 ※ 각 조는 4~5팀으로 구성 예정 ● 대회 요강 및 주의 사항 전달 ● 조별 대회장 이동 및 참가자 확인
2	토론개요서 작성	● 토론주제 확인 및 자료 수집 (※생성형 AI 사용 불가) ● 토론개요서 작성 및 제출 　- 토론 개요서 작성시 인터넷 검색 가능 　- 출처는 개요서 마지막 장에 표기 　- 토론 개요서 팀별 3매 이내 작성
3	토론개요서 공유 및 준비	● 토론개요서 공유 및 토론 준비
4	주장 발표하기	● 토론개요서 바탕으로 팀 순서대로 주장 발표
5	질의·응답하기	● 상대 발표에 관한 질문 준비 ● 순서대로 질의·응답하기 　질의 응답 순서 예시 (4개팀이 1조일 경우) 　**1** 질의: 2번팀, 3번팀, 4번팀 순 ⇒ 응답: 1번팀 　**2** 질의: 3번팀, 4번팀, 1번팀 순 ⇒ 응답: 2번팀 　**3** 질의: 4번팀, 1번팀, 2번팀 순 ⇒ 응답: 3번팀 　**4** 질의: 1번팀, 2번팀, 3번팀 순 ⇒ 응답: 4번팀 [질의·응답 시 주의사항] • 질의/응답의 우선권은 질의팀(자)에게 있음 • 상대의 질의나 답변이 쟁점에서 벗어나거나 논지가 흐린 답변으로 시간이 지연 될 경우, 질의팀(자)가 답변을 끊고 추가 질의 가능
6	주장 다지기	● 최종 발언 준비하기 - 언급되지 않았던 새로운 논쟁거리는 제시하지 않음 ● 순서대로 최종 발언 발표하기

　※ 본선 대회 세부 내용은 심사위원회를 통해 변경될 수 있음
　※ 중학부는 조별 토론대회 진행을 통해, 각 조의 우승팀이 결선 진출
　※ 세부 일정 및 운영 별도 공문 안내

VIII 심사 규정

가. 예선대회 심사 기준 및 배점

심사 영역	심사 기준	배점
토론개요서	정보수집·처리능력을 바탕으로 문제해결방안을 과학적, 창의적인 관점을 모색하여 토론 자료를 작성하였는가?	10
과학적 문제해결력	논제에 나타난 문제의 원인 분석, 탐구 과정, 대안 제시가 과학적으로 이루어졌는가?	30
창의적 사고력	논제의 쟁점에 대한 과학적이고 합리적인 대안을 제시하는가?	20
논리적 발표력	논제의 해결을 위해 논리적으로 내용을 구성하고 타당한 주장과 근거를 들어 발표하는가?	30
발표 태도	올바른 발표 태도로 논제의 관점에 맞게 효과적으로 발표하는가?	10
총 점		100

1) 총 점수는 100점 만점으로 한다.
2) 동점일 경우 심사기준 항목에서 다음의 우선 순위를 정한다.
   (과학적 문제해결력 > 논리적 발표력 > 창의적 사고력 > 토론개요서 > 발표 태도)
3) 감점 및 실격 사항

구분	세부내용	감점 및 실격여부
발표 동영상	동영상 발표 시간(총4분) 초과 시	초과 시간 / 감점 1초 ~ 14초 / -2점 15초 ~ 29초 / -4점 30초 ~ 44초 / -6점 45초 ~ 59초 / -8점 60초 이상 / 실격
	동영상 용량(500MB)을 초과하는 경우	실격
개요서	타 작품 모방 및 표절시	실격
제출물	발표 동영상과 개요서 모두 제출되지 않은 경우	실격
기타	제출물의 내용이 확인이 되지않는 경우 동영상이 실행되지 않는 경우 참가 인적사항이 노출되는 경우	실격

나. 본선대회 심사 기준 및 배점   ※ 본선 대회 운영 규칙은 본선대회 일정에 맞춰 안내 예정
— 전국대회 운영 기준(한국과학창의재단) 대회 요강에 준함

다. 참가자 유의사항
1) 과열 방지와 공정한 진행을 위하여 참가학생과 관계자는 반드시 규정을 준수한다.
2) 지도교사는 예선대회 참가하는 학생의 개요서 작성 및 동영상 제작을 지도하고 대회 접수에 협조하여야 한다.
3) 본선대회 참가자는 정해진 대회시간을 지키고 심사위원 및 진행위원의 통제에 따르며, 최종 심사가 끝날 때까지 개별 행동을 할 수 없다.
4) 본선대회 참가자는 대회당일 통신기기(예: 휴대전화, MP3 플레이어, PMP, 무전기 등) 일체를 지참할 수 없다.
5) 대회규정을 위반할 때에는 감점 또는 실격처리 될 수 있으며, 시상 후에도 부정한 일이 발견되면 수상을 취소할 수 있다.
6) 공정한 진행을 위하여 본선 대회 당일 모든 대회장에는 지도교사 및 학부모의 출입을 통제하며, 위반시 감점 또는 실격될 수 있다.
7) 본선대회 당일 질의사항은 대회진행본부로 문의하시기 바라며, 지도교사 및 학부모가 심사위원이나 대회 진행위원, 참가학생과 접촉할 경우 부정행위로 간주된다.
8) 기타 규정되지 않은 사항은 심사위원회의 결정에 따른다.

IX 시상 계획

가. 대상: 제43회 서울청소년과학페어(과학토론) 본선대회 진출자
나. 종별: 교육감상
다. 시상 예정일: 2025. 7. 28.(월) 이후 (학교장 전수)
라. 시상 팀(인원)

등급		금상	은상	동상	장려상	소계
인원	중	1팀(2명)	3팀(6명)	4팀(8명)	8팀(16명)	16팀(32명)
	고	1팀(2명)	1팀(2명)	1팀(2명)	2팀(4명)	5팀(10명)
비고		**전국대회참가**				

※ 전국대회 참가 대상: 중학교 1팀(2명), 고등학교 1팀(2명)
⇨ 전국대회 확정 요강에 따라 변경될 수 있음
※ 우수 지도교원 교육감 표창 예정(추후 계획에 의해 안내 예정)
※ 추후 타 작품 모방, 규정 위반 등 결격사유가 발생하면 수상을 취소함
※ 학교급별 참가자 수 및 수준에 따라 수상 팀 수는 변동 가능함

Part 3. 과학토론대회 지도 방법 안내

1. 과학토론대회의 목적과 방향 이해

과학토론대회는 실생활의 과학 문제를 바탕으로 과학적 사고력과 문제 해결 능력을 길러, 학생들이 융합적·창의적으로 사고하고 설득력 있게 표현할 수 있도록 하는 데 그 목적이 있습니다. 지도자는 단순한 지식 전달을 넘어서, 학생이 과학적 탐구과정 전반을 경험하고 표현하는 훈련을 하도록 도와야 합니다.

2. 지도 방법

가. 토론개요서 작성 지도

- ❖ 문제의 원인을 과학적으로 분석하고, 이를 해결할 수 있는 구체적이며 창의적인 방안을 제시할 수 있도록 지도합니다.
- ❖ 과학적 탐구방법을 적용해 객관적인 근거 자료(표, 그래프, 실험·연구결과, 통계자료 등)를 활용하도록 하며, 가독성 있는 개조식 형식을 권장합니다.
- ❖ 실생활 및 미래 사회와 밀접한 문제 상황을 중심으로 과학 개념 및 원리를 선행 학습하게 하여, 다양한 논제에 유연하게 접근할 수 있는 기본 소양을 길러줍니다.
- ☞ **지도 주제 예시 ;** 고농도 미세먼지, 미래식량, 인공지능로봇, 신종바이러스, 배아줄기세포, 재생에너지, 원자력발전소 노후화, 지진예보, 동물실험, 해양오염, 비만, 증강현실, 베리칩, 자율주행자동차, 사물인터넷, 메타버스, 블록체인, 미세플라스틱, ESG, NFT, 전기차, 배터리, 동물복제, 인간복제, 동물복지 등

나. 주장 작성 전략 지도

- ❖ 주장문은 핵심 문제 상황을 정확하게 진단하고, 그에 대한 해결방안을 간결하게 제시하는 형태로 구성합니다.
- ❖ 문제 원인은 다양한 측면에서 접근하되, 반드시 과학적 근거와 함께 제시하고, 통계·자료 인용을 통한 객관성 확보를 강조합니다.
- ☞ **문제원인 분석 예시; [고농도 미세먼지]**
    - 외부 요인: 중국발 대기오염 + 계절풍 영향
    - 내부 요인: 국내 화력발전소 및 차량 배출 증가
    - 쟁점: 노후경유차/생물성 연소/미세먼지 2차 발생

다. 해결방안 도출 및 창의적 사고 지도
- ❖ 문제 원인을 바탕으로 다각적·융합적 해결방안을 도출하도록 지도합니다.
- ❖ 해결방안은 외교적, 기술적, 정책적 측면 등으로 구분하여 구체적으로 제시하며, 창의적인 아이디어도 적극 장려합니다.
- ☞ **해결방안 접근 예시[고농도 미세먼지]**
    - 외교적 방안: 국제 환경 협력, 대기질 모니터링 공유
    - 기술적 방안: 비도로오염 저감기술, 예보 기술 고도화
    - 정책적 방안: 배출허용기준 강화, 차량부제 정책 도입

라. 예상 질문 & 방어 전략 지도
- ❖ 토론 과정에서 발생할 수 있는 반대측의 질문을 미리 예상하고, 이를 논리적이고 과학적으로 방어하는 전략을 마련하도록 합니다.
- ❖ 약점은 피하지 말고, 이를 보완할 수 있는 대안을 제시할 수 있도록 지도합니다.
- ❖ 논점을 회피하거나 모순된 답변을 피하고, 신뢰감을 주는 설득력을 갖추도록 합니다.

3. 실전 발표 전략

- ❖ 토론개요서는 문장보다는 핵심 단어, 도표, 그림, 그래프 등 시각자료 중심으로 구성하여 가독성을 높이고, 발표 시 효율적인 전달이 가능하도록 합니다.
- ❖ 글자 크기, 색상, 강조 표시, 타이틀 배치 등 시각적 레이아웃도 지도합니다.
- ❖ 발표 연습은 시간을 정해 반복 연습하고, 녹화 영상 분석을 통해 말투, 논리 흐름, 비언어적 요소까지 점검하게 합니다.

4. 지도 시 유의 사항 요약

항목	지도 포인트
논제 분석	과학적 원리 기반으로 다양한 측면에서 접근
주장 작성	핵심 문제 요인과 해결방안을 간결하게 진술
근거 제시	객관적 데이터, 실험 결과, 통계 자료 활용
해결방안	기술적·정책적·외교적 등 융합적 접근 유도
질문 방어	예상 질문-대응 시나리오 사전 구축
개요서 구성	시각자료 활용, 개조식 정리로 가독성 확보
발표 연습	영상 촬영+피드백 반복을 통한 표현력 향상

■ **지도자가 할 수 있는 효과적인 코칭 전략**
- 'Why?' 질문을 유도하여 사고의 깊이를 확장시키기
- 관련 기사, 뉴스, 논문 등을 활용한 탐구자료 검색 훈련
- 조별토론 및 발표 후 피드백 세션을 통해 실전 감각 향상
- 실제 대회 기출문제 및 우수개요서 분석을 통해 기준점 제시

5. 토론 단계별 지도

가. 주장 발표하기 (발표 동영상 포함)

- ❖ **기본 태도 지도**: 인사, 발표 자세, 목소리 톤, 표정, 눈맞춤 등 기본 발표 태도를 갖추도록 지도합니다. 발표 시에는 원고에만 의존하지 않고, 청중과 눈을 맞추며 자연스럽게 말할 수 있도록 연습합니다.
- ❖ **핵심내용 중심 구성**: 논제에 포함된 주요 과학 개념과 문제의 핵심에 초점을 맞춰 논리를 전개하며, 과학 탐구 결과 및 근거 자료를 바탕으로 설득력 있는 발표를 하도록 합니다.
- ❖ **상대 발표 경청 훈련**: 상대의 발표를 들을 때는 질의응답을 대비해 메모하는 습관을 들이며, 논리적 허점, 자료 간의 차이점등을 비판적으로 사고하며 듣는 연습을 합니다. 이러한 훈련이 효과적인 반론과 질문으로 이어질 수 있도록 합니다.

나. 질의·응답하기

- ❖ **질문 전략**: 상대 발표의 핵심 내용을 구체적으로 짚고, 질문의 요지를 짧고 명확하게 전달하는 훈련을 합니다.
- ❖ **효율적 시간 활용**: 질문의 논점을 벗어났을 경우, 재질문을 통해 초점을 조정하고 다음 질문으로 유연하게 이어가는 연습이 필요합니다.
- ❖ **심화질문 전개**: 상대의 답변 속에서 2차 질문을 유도해 심화된 토론 흐름을 이끌 수 있도록 합니다.
- ❖ **답변자의 태도**: 질문을 경청한 후, 논점에서 벗어나지 않도록 과학적 근거에 기반한 논리적인 답변을 유도합니다. 질문의 의도가 명확하지 않을 경우, 반문을 통해 초점을 조정하고 명료하게 답변하도록 지도합니다.

다. 주장 다지기

- ❖ **기존 주장의 강화**: 단순히 사전에 준비된 내용을 반복하지 않고, 토론 과정 중 드러난 약점을 보완하여 자신의 주장을 더욱 명확하고 설득력 있게 강화하도록 합니다.
- ❖ **상호작용 반영**: 토론 흐름에서 얻은 통찰을 반영하여, 유연하고 주도적인 태도로 주장 내용을 정리하는 연습을 합니다.

6. 현장 지도 시 유의사항

가. 학생 선별 기준
- 과학적 지식이 풍부하고, 다양한 관점에서 논점을 파악할 수 있는 논리적 사고력과 말하기 역량이 있는 학생을 선발합니다.
- 발표 시 긴장을 덜고 자연스러운 상호작용이 가능하도록 학급 내 친밀감 형성도 고려합니다.

나. 자료 활용 지도
- 자료 수집 시 표절 없이 직접 분석하여 자신의 언어로 요약하고, 출처를 명확하게 제시하도록 지도합니다.
- 기사, 통계, 실험결과 등을 단순 삽입하는 것이 아니라 논제와의 관련성을 명확히 하여 효과적으로 제시하도록 합니다.

다. 과학 개념 정리 지도
- 토론에 사용될 핵심 과학 개념, 용어, 원리를 사전에 충분히 정리하여, 용어 오용으로 인해 논리의 신뢰도가 저하되지 않도록 합니다.
- 단계별 활동 시간표를 구성하여 각 토론 단계에서 시간을 효율적으로 활용하도록 지도합니다.

라. 토론 태도 지도
- 토의·토론은 단순한 승부가 아닌 합리적 문제 해결 과정임을 인식하도록 하며, 상대를 존중하고 근거 중심의 대안을 제시하는 태도를 갖추도록 합니다.

마. 지속적 훈련과 통합적 사고 지도
- 단기간의 집중훈련보다, 평소 교과 수업 내에서 다양한 이슈를 토론해 보는 환경을 조성합니다.
- 과학뿐만 아니라 사회, 윤리, 환경 등 타 교과와 연계한 융합적 사고력을 기를 수 있도록 교과 재구성과 통합적 접근을 지향합니다.
- 신문, 과학잡지, 뉴스 등 실시간 이슈에 꾸준히 관심을 갖게 하여 과학적 호기심과 사고력을 함께 키울 수 있도록 지도합니다.

Part 4 최신 과학토론대회 주요 기출 논제 총정리

Science debate contest

1. 2024 제42회 서울청소년과학페어(과학토론) 예선대회 고교부 논제

■ 문제 상황

인류가 등장한 이후로 지구의 물리·화학적 시스템은 많은 변화를 겪어왔다. 인류의 개입으로 인해 지구의 환경이 크게 바뀐 데 사건의 여러 가지가 있는데, 그중 하나는 핵무기의 개발일 수 있다. 수차례의 핵무기 실험으로 인해 지구 곳곳에 방사성 물질이 축적되었으며, 이는 인류가 지질시대를 바꿀 만큼 크다는 의견이 대두되고 있다.

1만 7천여 년 전부터 시작된 신생대 '홀로세' 이후, '인류세(Anthropocene)'라는 새로운 지질시대를 정의해야 한다는 목소리가 커지고 있다. 지질시대란 지구의 역사를 지질학이나 생물학적 측면에서 중요한 사건을 기준으로 나눈 것으로, 가장 큰 구분 단위는 '대(era)'부터 시작하며 점차 상세하게 '대(代)', '기(紀)', '세(世)'로 나뉘어진다. 현재 우리는 현생인류의 신생대 제4기 홀로세의 시기에 살고 있다. 지질시대의 결정 기준은 다음 두 가지가 대표적이다:

① 생물계의 급격한 변화 | ② 대규모의 지각 변동

일반적으로 생물계의 급격한 변화는 화석을 관찰함으로써, 대규모의 지각 변동은 암석의 변화로 확인할 수 있다. 하지만 현대의 화석이나 암석은 과거보다 변화 속도가 훨씬 빨라졌으며, 인위적인 영향이 강해져 과학자들 사이에 새로운 지질시대 정의에 대한 논쟁이 일고 있다. 인류세에서는 핵무기 실험, 화학 물질 사용, 플라스틱 퇴적물 등을 주요 증거로 보고 있으며, 과학자들 사이에서도 정의 방식과 기준에 대한 논의가 지속되고 있다.

따라서 우리는 인류세가 실제로 존재하는 지질시대인지, 기존 지질시대 구분의 기준을 충족하는지, 그리고 새로 정의할 필요가 있는지에 대해 과학적으로 탐구해야 한다.

■ 본 논제

1) 논제 1 ; 인류세 도입이 필요한 이유를 인류 문명이 발달하면서 지구 시스템에 어떠한 변화가 생겼는지를 근거로 논하시오.

2) 논제 2 ; 새로운 인류세 시점 지점을 정하고, 그렇게 정한 이유를 과학적으로 설명하시오. (아래 조건을 고려할 것)

[조건] • 문제 상황에서 제시된 인류세 내의 시각 지점을 제외할 것.
• 지질시기의 경계 조건(①②)을 포함하여 서술하되, 새로운 경계 조건을 제시할 때는 과학적 근거를 제시할 것.

인류세가 포함된 지질시대 구분			
대기	세기	세	시기 및 연도
신생대	제4기	홀로세	약 1만 7000년 전~현재
		인류세	명확히 정해지지 않음 (후보 시점 존재)
			- 약 1800년 산업혁명 시기
			- 약 1950년대 대기 중 핵실험의 흔적 시작
			- 약 2000년대 플라스틱 퇴적물 증가 시기

[유의 사항]
- 각자 인터넷(네이버, 구글 등의 검색 사이트) 등을 통해 관련 정보를 자유롭게 찾아 활용하되, 반드시 과학적 근거가 제시되어야 하며 인용 자료는 출처를 밝혀야 함.
- 본 논제와 자료는 서울특별시교육청과학전시관에서 주최하며, 대회 참가 학생 외 무단 사용 및 배포를 금지함.

2. 2024 제42회 서울청소년과학페어(과학토론) 예선대회 중학부 논제

■ 문제 상황

짧은 기간 동안 인간의 활동으로 지구 환경이 크게 변화하면서 가장 최근의 지질시대인 '홀로세' 이후의 새로운 지질시대를 설정하자는 의견이 제기되었다.

과학자 파울 크뤼첸(P.J. Crutzen)은 인류가 지구에 끼친 영향이 중생대 이후에 비견할 만큼 커서 '인류세(Anthropocene)'라 부르자고 제안하였다.

이후 학계에서는 인류세('인류+지질시대')를 둘러싼 다양한 논의가 이어졌다. 이 용어는 과학자뿐만 아니라 일반 대중까지 각계각층에서 널리 사용되며 폭넓은 관심을 불러일으켰다.

한편, 새로운 지질시대를 지정하는 것에 반대하는 과학자들도 있다. 최근 국제지질학연합(IUGS)의 제4기 층서 소위원회에서 인류세 실무그룹(AWG; Anthropocene Working Group)이 '인류세 도입'을 제안하였으나, 과반수의 반대로 받아들여지지 않았다.

☞ 지질시대 구분

지질시대는 지구의 역사를 지질학이나 생물학적 측면에서 중요한 사건을 기준으로 나눈 것으로, '대', '기', '세'로 나누며, 그림은 신생대 제4기 홀로세 시기 이후 인류세를 표시함.
(※ 이미지 내 시대 구분 참고: 신생대 ⇒ 제4기 ⇒ 홀로세 ⇒ 인류세 제안 시점: 약 1950년대)

■ 토론 논재

■ [논제 1]

새로운 지질시대로 인류세를 지정하는 것에 대한 찬성측과 반대측 의견을 균형 있는 시각에서 다양하게 각각 제시하시오.

■ [논제 2]

인류세 실무그룹(AWG)은 인류세의 지표 물질(marker)로 플루토늄을 제안하였으며, 플루토늄을 지표 물질로 제안한 과학적 근거를 설명하시오.

※ 지표 물질: 현재 지질시대 경계를 국제표준층서구역(GSSPs: Global Boundary Stratotype Section and Point)을 이용하여 구분하며, 전 지구적으로 보편화된 국제표준층서구역(GSSPs)의 구분 물질을 지표 물질(marker)이라 한다.

■ [논제 3]

자신이 생각하기에 가장 타당한 인류세 지표 물질을 제안하고(단, 플루토늄 제외), 그 이유를 아래 조건을 고려하여 과학적으로 설명하시오.

[조건]
- 해당 지표 물질과 인간 활동의 구체적인 연관성을 제시할 것
- 인간 활동의 시작 시기, 지구 지각의 차원에서 해당 물질이 지층에 오랜 시간 남아있을 수 있는지 등을 과학적으로 설명할 것
- 타당한 과학적 근거를 갖는 장점과 단점(환경적 영향 등)도 서술할 것

[유의사항]
- 각자 인터넷(네이버, 다음, 구글 등의 검색 사이트)을 통해 관련 정보와 자료를 찾아 활용하되 반드시 자료의 출처가 제시되어야 하며, 인용 자료는 충실히 밝혀야 함.

3. 2024 교내 과학탐구토론마당 토론 논제

■ 문제 상황

▶ 달달해도 제로 칼로리 '저열량 감미료' 안전할까?

설탕보다 200~600배 달달…칼로리는 제로

설탕이 비만과 당뇨의 주범으로 몰리면서 저열량 감미료가 그 대체재로 주목받고 있습니다. 감미료 앞에 '저열량'이라는 수식어가 붙은 건 설탕보다 월등히 높은 감미도의 공이 큽니다. 단맛이 워낙 강하기 때문에 적은 양만 넣어도 충분합니다. 예컨대 다이어트 콜라에 들어가는 '아스파탐'의 열량은 1g당 4kcal로 설탕과 같지만, 감미도는 높습니다. 설탕의 단맛이 1이라면, 아스파탐의 단맛은 200입니다. 이 때문에 설탕 양의 200분의 1만 넣어도 비슷한 맛을 낼 수 있습니다. 감미료는 또 체내에 소화되지 않고 그대로 배출되기 때문에 체중이나 혈당에도 영향을 주지 않습니다. 비만 환자나, 당뇨병 환자의 식단을 조절할 때 도움을 주지요.

안전하기는 한 거야?

하지만 한 가지 걸리는 것이 있습니다. 안전성 문제입니다. 저열량 감미료를 조사하면서 안전성에 관한 다양한 자료를 찾을 수 있었는데요. 이 가운데 아스파탐은 사카린 이후 가장 자주 구설수에 오른 합성 감미료로 꼽을 수 있을 겁니다. 대표적으로 '메탄올 논란'이 있습니다. 아스파탐이 체내 대사과정에서 분해될 때 메탄올이 나와 인체에 유해하다는 지적입니다. 〈중략〉

저열량 감미료 자체에 의문을 제기하는 연구도 있었습니다. 미국 예일대 의대 연구진은 피험자 15명을 대상으로 다이어트 음료수가 인체 신진대사에 미치는 영향에 대한 실험했습니다. 이들이 주목한 것은 '뇌'였습니다. 우리의 뇌는 '단맛의 정도=열량'이라고 인식하도록 진화했는데, 저열량 감미료처럼 단맛과 칼로리가 일치하지 않는 경우엔, 뇌가 혼란에 빠진다는 설명입니다. 〈중략〉

〈출처 : 브런치스토리(https://brunch.co.kr)〉

■ 토론 논재

[논제 1] 제로칼로리 감미료가 당뇨나 비만을 예방하여 건강에 도움이 될 수 있다는 입장과 안전성의 문제로 건강에 해롭다는 의견으로 팽팽히 나뉘고 있다. 제로칼로리 감미료의 안정성에 대해 과학적 관점에서 조사하여 제로칼로리 식품 섭취에 대한 찬성과 반대 중 한 가지 입장을 정하고 그 타당성에 대해 토론하시오.

[논제 2] 제로칼로리 감미료의 여러 가지 문제점과 그 해결책에 대해 과학적 사고를 바탕으로 토론해 봅시다.

※ 각자 온라인 검색(네이버, 다음, 구글 검색 활용)을 통해 관련 정보와 자료를 검색하여 활용하되 반드시 과학적 근거가 제시되어야 하며 인용 자료는 출처를 밝혀야 함.

4. 2022 제40회 서울특별시청소년과학페어 예선대회 고교부 (과학토론) 논제

지난 3월, 동해안 지역에 발생한 산불은 9일간 지속된 역대 최장 산불이었다. 이 산불로 축구장 면적의 약 9,000배에 달하는 산림이 사라졌다. 이렇게 산불이 지나간 자리엔 생태계 변화가 일어나기 시작한다. 이러한 시간에 따른 생태계 변화를 천이라고 한다. 1차 천이는 불모지에서 처음 식물이 자라 숲이 형성되는 과정이고, 2차 천이는 천이가 진행되는 과정 중 산불이나 홍수 등 교란에 의해 변화가 일어난 식물 군집이 변하여 숲이 되는 과정이다. 두 과정 모두 극상에 이르면 음수림이 된다. 산불 후 산림을 복원하는 방법에 대해 여러 가지 논의가 있다. 과학자 A는 사람이 전혀 개입하지 않고 재가 된 나무까지도 그대로 두는 자연 복원을 주장하고, 과학자 B는 특정 수종을 중심으로 인위적인 숲을 조성하여 회복되게 하는 인공 조림이 효과적이라고 주장한다. 이를 참고하여 산불 후 자라나는 여러 가지 식물 중 다음 두 가지를 살펴보자.

1. '칡'은 장미목 콩과의 덩굴식물이며 다년생 식물로 겨울에도 죽지 않는다. 목질의 줄기는 매년 굵어져 나무로 분류된다. 산기슭의 양지에서 깊이 뿌리를 내려 자란다. 줄기는 20m 이상까지 자란다. [출처: 공용위키]	2. '솔이끼'는 솔이끼과에 속하는 선태식물이다. 그늘지고 습한 산지나 늪, 또는 햇빛이 드는 점토질 토양에서 잘 자란다. 포자를 통해 번식하며, 한국을 비롯하여 세계 각처에 분포한다. [출처: 공용위키]

산림 복원 담당자 관점에서 과학자 A와 B의 주장에 대한 장단점을 분석하고 이 중 지지하는 의견을 말하시오. 또한 담당자로서 조사 결과 산불 피해 지역의 천이 과정에서 '칡'과 '솔이끼'가 나타났다고 가정할 때, 각 식물이 우점할 것으로 생각되는 시기를 찾고, 식물 군집에 미치는 영향을 고려하여 이 식물을 어떻게 할 것인지에(제거할 것인지 그대로 둘 것인지) 따른 근거와 주장을 제시하시오. 2. 아울러, 산불로 인해 손상된 산림 복원 방안의 외국 사례 분석을 통해, 우리나라 생태계 '천이과정'에 적합한 과학적 복원 방안을 제안하시오.

5. 2022학년도 청소년과학페어(과학토론) 교내 논제

[개요 설명]

"꿀벌이 멸종하면 인류도 4년 안에 사라진다."

꿀벌의 중요성을 강조한 알베르트 아인슈타인(1879~1955)의 경고라고 합니다. 농작물의 꽃가루를 옮겨주는 꿀벌이 없으면 식량도 사라진다는 의미랍니다. 유엔 식량농업기구(FAO)에 따르면 세계 100대 작물 중 71%가 꿀벌을 매개로 수분(受粉) 합니다. 꿀벌이 없으면 과일·채소 등 생장에 타격을 주고 가격 또한 치솟게 된답니다.

이런 꿀벌이 돌연 사라지면서 우리나라의 양봉업계와 과수농가가 뒤숭숭합니다. 겨울잠에서 깨어나야 할 벌들이 벌통을 비운 채 자취를 감춘 겁니다. 농촌진흥청과 한국양봉협회에 따르면 올해 전국 4,173개 농가, 39만 517개 벌통에서 꿀벌이 사라졌습니다. 벌통 1개당 1만 5000~2만 마리가 사니 60억~70억 마리가 없어진 겁니다. 피해 금액만 이미 1,000억 원을 넘어선 것으로 추정됩니다.

꿀벌 실종 사태는 지금 우리나라만의 현상이 아닙니다. 세계 곳곳에서 꽤 오랜 기간 진행되고 있습니다. 미국에서는 2006년 갑작스러운 꿀벌 대량 실종 사건이 처음 보고되었습니다. 꿀을 따러 나간 일벌 무리가 돌아오지 않으면서 벌집에 남은 여왕벌과 애벌레가 떼로 죽는 '벌집 군집 붕괴 현상'이 나타난 것입니다. 이후 미국 꿀벌의 개체 수는 40%가량 감소했다고 합니다.

2017년 유엔은 전 세계 야생벌의 40%가 멸종 위기에 처했고, 2035년께 꿀벌이 멸종할 수 있다고 경고했습니다.

꿀벌이 사라지는 데 대해선 여러 설이 있습니다. 살충제 같은 농약이 문제라는 지적이 있는가 하면 꿀벌에 자생하는 세균이나 바이러스가 원인이라는 주장도 있습니다. 지구 자기장을 이용해 방향을 인지하고 이동하는 꿀벌이 휴대폰 같은 무선통신 장비의 전자파 때문에 혼선이 생겨서 집에 되돌아가지 못한다는 가설도 있습니다.

수분이 잘 이뤄지지 않으면 어떻게 될까요. 단기적으로 보면 과일, 곡물 등 작물 재배량이 심각하게 떨어질 수 있습니다. 식량값이 오르고 애그플레이션이 나타납니다. 애그플레이션은 곡물 가격 상승으로 일반 물가 역시 오르는 현상을 말합니다. 굶는 사람이 급증합니다. 사회적 혼란이 야기됩니다. 대책이 시급합니다.

[논제]

우리나라에서 꿀벌이 감소하여 나타나는 문제점과 이를 해결하는 방안을 찾고, 생물 다양성의 감소가 인류에게 미치는 영향을 과학적으로 분석하여 우리가 생물 다양성을 보전하는 방안을 구체적으로 제시하시오.

6. 2022 제40회 서울특별시청소년과학페어 예선대회 중학부 과학토론 논제

■ 문제 상황

산불이란, 산림 내 나무와 풀을 비롯하여 낙엽 등이 연소하는 화재를 말한다. 우리나라의 산불 발생 원인의 대부분은 사람들이 부주의에 의한 인위적인 요인이 대부분이나 그 외 기온, 습도, 바람, 기타 등 기상요인과 가뭄, 나뭇잎의 종류 등 자연적 요인의 복합적 작용에 의해 산불이 대규모로 발생하고 있다.

한편 산불 발생 시기에 대해 산림청 통계를 살펴보면, 2020년 한 해 동안 전국지역에서 일어난 산불은 620여 건으로, 이 중 50% 이상이 봄철(3~4월)에 집중되어 있었다.

더욱이, 점차 늘어나는 건조 일수와 강풍이 주를 이루는 대형 산불로의 확산 가능성을 키우고 있다. 2022년 3월, ○○ 지역에서 발생한 산불은 총 213건(시간 단위)이며, 소방청 집계에 따르면 약 9,000헥타르에 달하는 산림을 태워 역대 최장기간 및 최대 피해 면적을 기록하였다. 당시 산불은 철저한 진화에도 불구하고 초속 20m 이상의 강풍과 건조한 날씨로 인해 급격히 번졌다. 1973년 이후 산불 피해 면적은 꾸준히 증가하였으며, 최근 30년 평균치를 보면 산불 발생률이 14.7% 수준에 그쳤다.

■ 토론 논제

우리나라에서 발생하는 대부분의 대형 산불이 봄철에 집중된 이유를 기상 및 자연적 요인 중심으로 논하시오. 또한, 매년 산불이 매해 마다 지속적으로 발생하면서도 산불 예방 및 진화의 어려움을 겪는 이유를 분석하고, 산불을 예방하는 다양한 방법과 산불 발생 시 단기간 내에 효과적으로 진화할 수 있는 방안을 과학적인 근거를 바탕으로 제시하시오.

7. 2022 청소년과학페어 과학토론 문제지 전국(고등부)

■ 문제 상황

인공지능(AI)도 인간처럼 특허법상 발명자가 될 수 있을까?

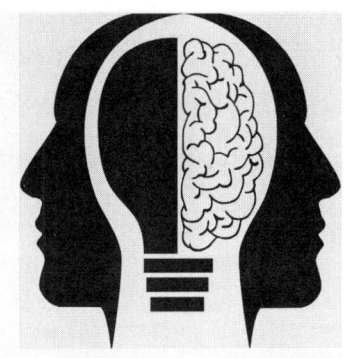

특허청은 최근 AI가 발명했다고 주장하는 특허출원의 1차 심사 결과 "자연인이 아닌 AI를 발명자로 적은 것은 특허법에 위배되므로 자연인으로 발명자를 수정하라"는 내용의 보정요구서를 보냈다고 3일 밝혔다. 보정요구에 응하지 않으면 특허출원은 무효가 된다. 출원인은 무효처분에 불복해 행정심판이나 행정소송을 제기할 수 있다. 특허청에 따르면 미국의 한 AI 개발자(스티븐 테일러, 출원인)가 AI를 발명자로 표시한 국제 특허를 지난달 17일 국내에 출원하면서 우리 역사상 최초로 AI가 발명자가 될 수 있는지에 대한 첫 특허심사 사례가 발생했다. 발명의 명칭은 '식품 용기 및 개선된 주의를 끌기 위한 장치'다. 출원인 자신은 이 발명과 관련된 지식이 없고, 자신이 개발한 '다부스'(DABUS)가 일반적인 지식에 대한 학습 후 식품 용기 등 2개의 서로 다른 발명을 스스로 창작했다고 주장하고 있다.

용기의 결합이 쉽고 표면적이 넓어 열전달 효율이 좋은 식품 용기와, 신경 동작 패턴을 모방해 눈에 잘 띄도록 만든 빛을 내는 램프라는 것이 각각 발명의 핵심이다. 특허청은 AI가 해당 발명을 직접 했는지 판단하기에 앞서 AI를 발명자로 기재한 형식상 하자를 먼저 지적하며 보정요구서를 보냈다. 우리나라 특허법 및 관련 판례는 자연인만을 발명자로 인정하고 있어, 자연인이 아닌 회사나 법인, 장치 등은 발명자로 표시할 수 없기 때문이다. 우리나라보다 앞서 유럽특허청(EPO)이나 미국, 영국 특허청에서도 이미 특허심사를 받았다. 모든 특허청은 일관되게 "발명자는 자연인만이 가능한 만큼 AI는 발명자가 될 수 없음을 이유로 특허받을 수 없다"고 결정했다.

〈출처 : 연합뉴스〉

■ 토론 논제

[논제 1] AI가 발전하게 되면 언젠가는 발명자로 인정해야 할 상황이 올 수도 있다고 전문가들은 생각하고 있다. AI 발명을 둘러싼 쟁점들에 대해 조사하고, 학계 및 산업계와 논의한다면 향후 5년 이내에 AI를 발명자로 인정할 수 있을 것인지에 대해 찬성과 반대 중 한 가지 입장을 정하고 그 타당성에 대해 토론하시오.

[논제 2] 인공지능(AI)을 활용할 수 있는 다양한 분야 중에서 자신의 진로 희망(직업) 분야에의 인공지능 활용 사례를 조사하고, 창의적으로 활용할 수 있는 방안을 과학적으로 제시해 봅시다.

※ 각자 온라인 검색(네이버, 다음, 구글 검색 활용)을 통해 관련 정보와 자료를 검색하여 활용하되 반드시 과학적 근거가 제시되어야 하며 인용 자료는 출처를 밝혀야 함.

8. 2022청소년과학페어 과학토론 문제지 전국 (중학부)

■ 문제 상황

'고위험 분야 인공지능(AI) 방지법 유럽연합(EU)가 만든다.'

영화 '터미네이터' 시리즈에서 인공지능(AI) '스카이넷'은 자신의 끝없는 발전에 두려움을 느낀 인간이 정지시키려 들자 인류를 적으로 판단해 모든 방어 시스템을 마비, 핵미사일을 발사시켜 인류를 멸망시킨다. 또 영화 '어벤져스'에서는 외계의 침략으로부터 지구를 지켜줄 희망으로 개발한 인공지능 '울트론'이 인간의 역사를 학습하는 과정에서 인류의 추악한 모습을 보고 멸망을 시켜야 하는 존재로 본다.

과거에는 공상과학 영화의 내용으로만 여겨졌던 인공지능의 위험성이 계속 발전하는 과학기술로 인해 현실로 다가오고 있다. 이런 인공지능의 위험성을 인지해 유럽연합(EU)은 최근 위험 분야에 인공지능의 사용을 규제하는 내용의 '인공지능 법안'을 발표했다.

해당 법에 따르면 음성 지원 장난감을 통해 아이들이 위험한 행동을 하도록 부추기는 등 인공지능이 인간의 행동을 조종하는 행위를 금지한다. 또 유괴, 테러 등 특정 범죄인 검거를 위해 필수적인 경우를 제외하고 사법당국의 안면인식 등 실시간 생체인식 기술의 일반적 사용도 금지된다. 다만, 공공장소의 원격 안면인식 등과 같은 고위험 분야의 경우 새롭게 도입될 관련 인증 시스템을 통해 일부 사용을 허용한다는 방침이다. 〈중략〉

AI 사용이 금지될 분야와 범위를 정하는 과정에서도 진통이 있을 것으로 예상된다. 인공지능 접목의 유무로 기술의 질적 차이가 크게 날 것이기 때문에 이를 적용하지 못하게 되는 고위험 분야에서는 발전을 저해한다며 반발할 수 있다. 이번 제안은 유럽의회와 회원국의 승인을 거쳐 시행될 예정이다. 유럽이 주도하는 이번 법안이 과연 세계적으로 선도하는 법안으로 인공지능의 인류 위협을 막아낼 수 있을까?

〈출처 : 넥스트데일리(http://www.nextdaily.co.kr)〉

■ 토론 논제

[논제 1] 우리나라에서도 유럽연합(EU)와 같이 '고위험 분야 인공지능(AI) 방지법이 필요하다는 의견과 아직은 필요없다.'라는 의견으로 팽팽히 나뉘고 있다. 우리나라의 고위험 분야 인공지능(AI) 사용 실태를 공학적, 과학적 관점에서 조사하여 고위험 분야 인공지능(AI) 방지법의 찬성과 반대 중 한 가지 입장을 정하고 그 타당성에 대해 토론하시오.

[논제 2] 기타 인공지능의 여러 가지 문제점과 그 해결책에 대해 과학적 사고를 바탕으로 토론해 봅시다.
※ 각자 온라인 검색(네이버, 다음, 구글 검색 활용)을 통해 관련 정보와 자료를 검색하여 활용하되 반드시 과학적 근거가 제시되어야 하며 인용 자료는 출처를 밝혀야 함.

9. 2022 과학페어 과학토론 문제지 전국 (초등부)

■ 문제 상황

'고위험 분야 인공지능(AI) 방지법 유럽연합(EU)가 만든다.'

영화 터미네이터 시리즈에서 인공지능(AI) 스카이넷은 자신의 끝없는 발전에 두려움을 느낀 인간이 정지시키려 들자 인류를 적으로 판단해 모든 방어 시스템을 마비, 핵미사일을 발사시켜 인류를 멸망시킨다.

또 영화 '어벤져스'에서는 외계의 침략으로부터 지구를 지켜줄 희망으로 개발한 인공지능 '울트론'이 인간의 역사를 학습하는 과정에서 인류의 추악한 모습을 보고 멸망을 시켜야 하는 존재로 본다.

과거에는 공상과학 영화의 내용으로만 여겨졌던 인공지능의 위험성이 계속 발전하는 과학기술로 인해 현실로 다가오고 있다.

이런 인공지능의 위험성을 인지해 유럽연합(EU)은 최근 위험 분야에 인공지능의 사용을 규제하는 내용의 '인공지능 법안'을 발표했다.

해당 법에 따르면 음성 지원 장난감을 통해 아이들이 위험한 행동을 하도록 부추기는 등 인공지능이 인간의 행동을 조종하는 행위를 금지한다. 또 유괴, 테러 등 특정 범죄인 검거를 위해 필수적인 경우를 제외하고 사법당국의 안면인식 등 실시간 생체인식 기술의 일반적 사용도 금지된다. 다만, 공공장소의 원격 안면인식 등과 같은 고위험 분야의 경우 새롭게 도입될 관련 인증 시스템을 통해 일부 사용을 허용한다는 방침이다.〈중략〉

AI 사용이 금지될 분야와 범위를 정하는 과정에서도 진통이 있을 것으로 예상된다. 인공지능 접목의 유무로 기술의 질적 차이가 크게 날 것이기 때문에 이를 적용하지 못하게 되는 고위험 분야에서는 발전을 저해한다며 반발할 수 있다.

이번 제안은 유럽의회와 회원국의 승인을 거쳐 시행될 예정이다. 유럽이 주도하는 이번 법안이 과연 세계적으로 선도하는 법안으로 인공지능의 인류 위협을 막아낼 수 있을까?

〈출처 : 넥스트데일리(http://www.nextdaily.co.kr)〉

Part 5. 논제 토론 개요서 작성 방법 안내

1. 개요서 작성 전략

가. 개요서의 중요성
- 개요서는 토론과 주장 다지기의 핵심 기반이 되며, 토론 전체의 방향성과 설득력을 좌우하는 중요한 문서입니다.
- 수기 작성이 원칙이므로, 가독성과 효율적인 전달 구성이 매우 중요합니다.

나. 작성 시 유의사항
- 글씨 크기와 배치: 제목, 중간 타이틀, 본문 등의 글자 크기와 배치 계획을 사전에 구상합니다.
- 개조식 표현: 문장형보다는 간단하고 명확한 개조식 문장으로 핵심을 전달합니다.
- 시각 자료 활용: 필요한 경우 표, 그림, 그래프 등을 활용해 내용을 시각적으로 제시하고 출처를 반드시 표기해야 합니다. 출처 누락 시 실격 처리될 수 있습니다.
- 논제 분석 우선: 주제를 받았을 때 가장 먼저 해야 할 일은 논제를 분석하는 것입니다. 핵심 요인과 구조를 먼저 파악해야 정확한 주장 구성이 가능합니다.

다. 논제 유형별 개요서 작성 전략

논제 유형	전략
찬성 / 반대	입장을 명확히 선언한 뒤, 핵심 근거들을 간결하게 진술합니다. 예: "○○를 위한 △△은 ▲▲한 이유로 반대합니다."
자율 / 규제	규제의 정도를 구체적으로 설정하고, 외국 사례와의 비교를 통해 우리나라에의 적합성 분석을 추가합니다.
원인 분석 / 대책 제시	문제의 원인을 대외적·대내적으로 분석하고, 해결 방안은 외교적·기술적·정책적으로 구분하여 구체적으로 제시합니다.
문제 해결 중심	문제 상황에 대한 과학적 사고력과 창의적 해결 방안을 융합적으로 제시합니다. 관련 실험, 이론, 기술을 활용해 구체적으로 작성합니다.

2. 과학적 분석 방법 및 전략

가. 수치와 데이터 중심 작성

- 객관적 자료 없이 추측이나 과장된 표현은 사용하지 않도록 주의합니다.
- 수치 및 실험 데이터를 명확히 제시해야 과학적 설득력이 높아집니다.

　[비교 예시] 지진 발생이 많아지고 있어 원전 피해는 불가피하다.

- 지진 발생 횟수: 2000년 이전 대비 2배 증가　|　• 규모 변화: 2.0~3.0 ⇒ 5.0
- 원전 내진 설계 기준: 7.0　|　• 규모 7.0 이상의 대지진 시: 현재 대응 방안 부족

나. 수기 개요서 작성 시 표현 예시 (개조식 작성)

　[지진 발생 횟수와 규모가 전반적으로 증가하고 있다]

- 지진 발생 횟수: 2000년 이전보다 2배 증가　|　• 지진 규모: 2.0~3.0 ⇒ 5.0
- 원전 내진 설계 기준: 규모 7.0　|　• 규모 7.0 초과 시 대응 방안 미비

다. 실전 개요서 작성 절차

단계	설명
① 논제 분석	논제에서 요구하는 주제와 구조(찬반, 규제 자율 등)를 파악합니다.
② 자료 분석	통계, 기사, 연구결과 등을 조사하고 신뢰할 수 있는 출처 확보및 요약합니다.
③ 개요서 뼈대 구성	주장 제목, 문제 원인, 해결 방안, 시각 자료 위치 등 기본 틀을 짭니다.
④ 주장 만들기	자신의 입장을 명확히 하고, 핵심 문장 3~4개로 정리합니다.
⑤ 개요서 완성	정돈된 글씨체로 개조식 표현, 도표 및 출처 명기 등을 포함하여 최종 작성합니다.

라. 주장 다지기 및 발표 영상 준비 전략

- 개요서를 완성하면서 자연스럽게 예상 질문 목록을 함께 작성합니다.
- 발표 전 예상 질문에 대한 과학적 답변 준비 ⇒ 이 답변은 주장 다지기에 적극 반영합니다.
- 발표 영상에서는 단순히 개요서를 읽지 말고, 예상 반박에 대한 보완 주장을 마지막에 추가하면 훨씬 설득력 있는 영상이 됩니다.

마. 참고 사이트

출처	설명
스마트 과학관	과학 콘텐츠 아카이브
사이언스타임즈	최신 과학 뉴스 및 이슈
국가통계포럼	공신력 있는 통계 자료
전국고등학생토론대회	(별도 공지 확인 필요)
더 사이언스 사이트	최신 이슈 과학 뉴스

Part 6. 토론 개요서 예시를 통한 토론 개요서 작성 심화 훈련

1. 2024 제42회 서울청소년과학페어(과학토론) 예선대회 고교부 논제

토론 개요서 작성 심화 연습 안내

토론 개요서는 단순히 아이디어를 정리하는 것을 넘어, 자신의 주장을 과학적 근거와 논리로 효과적으로 설득하기 위한 중요한 준비 과정입니다. 개요서를 많이 작성하는 것만으로도 실력이 향상되지만, 자신의 개요서를 객관적으로 분석하고, 다른 사람의 개요서와 비교해보는 과정이 실력을 훨씬 더 끌어올릴 수 있습니다.

▶ 토론 개요서 연습 절차

가. 1단계: 논제 분석 및 개요서 초안 작성
- 주어진 논제를 먼저 철저히 분석하세요.
- 논제에서 요구하는 핵심 문제와 과학적 접근 방식이 무엇인지 파악합니다.
- 관련 자료를 충분히 수집하고, 그중 핵심이 되는 정보만 요약 정리합니다.
- 문제의 원인을 과학적으로 분석하고, 과학 원리에 기반한 해결 아이디어를 메모합니다.
- 이러한 정보를 바탕으로 전체적인 개요서의 뼈대를 구성합니다.
- 문제 원인과 해결 방안을 각각 한 줄 요약하고, 이를 연결하여 명확한 주장 문장으로 마무리합니다.

나. 2단계: 개요서 예시와 비교 분석
- 자신이 작성한 개요서와 선생님 또는 다른 학생이 쓴 예시 개요서를 비교해 봅니다.
- 서로의 다른 점과 비슷한 점을 찾아보면서 좋은 표현과 구성 방식을 참고합니다.
- 예시 개요서에서 논리의 흐름, 과학적 설명, 설득력 있는 주장을 분석해보세요.

다. 3단계: 개요서 보완 및 아이디어 확장
- 비교 분석 후 누락된 부분, 더 구체화할 수 있는 부분, 새로운 아이디어를 개요서에 추가합니다.
- 과학 용어나 데이터가 부족했다면 보완하고, 주장을 더 명확하게 다듬습니다.

라. 4단계: 자기 개요서 vs 예시 개요서 평가

항목	나의 개요서	예시 개요서
장점	—	—
단점	—	—
보완점	—	—

※ 이 표를 작성해보며 자신의 글을 객관적 시선으로 바라보는 연습을 합니다.

마. 5단계: 예상 질문 & 답변 준비
- 발표 중 나올 수 있는 반론이나 질문을 예상해보세요.
- 그에 대한 과학적이고 명확한 답변을 준비합니다.
- 예) "이 방법이 실제로 가능할까요?" ⇒ "현재 유럽에서는 비슷한 기술이 이미 실험되고 있으며, 우리 환경에도 적용 가능성이 있습니다."

바. 6단계: 발표문 형태로 전환
- 개요서 내용을 바탕으로 자연스럽고 설득력 있는 발표문으로 바꿔보세요.
- 자신의 주장을 끝부분에서 한 번 더 강조하면서 발표문의 마무리를 강하게 구성합니다.
- 발표문을 소리 내어 읽어보며 어색한 표현은 수정하세요.

사. 7단계: 발표 연습 및 영상 모니터링
- 발표하는 모습을 스스로 영상으로 촬영하여 확인합니다.
- 말의 속도, 발음, 눈빛, 손동작 등을 체크하고, 보완할 점을 반복해서 연습하세요.
- 이 과정이 쌓이면 자연스럽게 발표력과 자신감이 향상됩니다.

☞ 실전 팁
- 컴퓨터를 이용해 디지털 문서로 개요서를 작성하는 것이 좋습니다. (전국대회는 컴퓨터 제출)
- 단, 교내 대회가 수기 작성일 경우, 수기 작성 연습도 충분히 해 두어야 합니다.
- 개요서 연습은 전용 노트나 파일을 만들어 누적 관리하면 실력 향상에 도움이 됩니다.

이 과정을 반복해서 훈련하다 보면, 문제 해결 중심의 사고력, 과학적 추론 능력, 그리고 설득력 있는 발표 능력이 함께 자라납니다.

2. 논제 및 개요서

가. 논제 : "유전자 편집 기술(CRISPR)은 인간 배아에 적용되어야 한다."

※ 이 예시는 반대 입장을 기반으로 작성한 것입니다.

[개요서 예시 - 반대 입장]

제목: 인간 배아에 대한 유전자 편집, 생명 윤리와 과학적 불확실성으로 반대함

1) 주장 요약 ; 인간 배아에 CRISPR 기술을 적용하는 것은 다음과 같은 이유로 반대합니다.
   ① 생명윤리 문제와 인간 존엄성 침해
   ② 기술적 안전성 부족과 예측 불가능한 유전적 결과
   ③ 사회적 불평등을 심화시키는 유전자 계급화 우려

2) 논제 분석
   - 기술 대상: CRISPR 유전자 편집 기술
   - 적용 대상: 인간 배아 (출생 전 인간 생명체)
   - 논의 범위: 과학적 안전성, 윤리적 문제, 사회적 파급력 등

3) 주요 근거
   ① 생명윤리적 문제
      - 인간 배아는 생명의 시작이며, 유전적 개입은 생명 설계와 도구화로 이어질 수 있음
      - 독일과 프랑스 등 주요 선진국에서는 배아 유전자 편집 전면 금지
   ② 과학적 불확실성
      - CRISPR 기술은 오프타겟(의도치 않은 유전자 변형) 발생 가능성 존재
      - Nature (2023) 보고: "CRISPR로 편집된 쥐 중 30%가 예측되지 않은 유전자 손상 겪음"
   ③ 사회적 불평등 우려
      - 부유층 중심의 '디자이너 베이비' 현상 가능성
      - WHO: "유전자 편집 기술은 빈부 격차를 유전적 차별로 확장시킬 위험이 있음"

4) 해결방안 대안 제시
   - 유전 질환 치료는 성인 체세포 유전자 편집중심으로 개발
   - 배아 편집 대신 유전상담, PGD(착상 전 유전자 검사)기술로 대체 가능
   - 과학적 논의는 필요하지만, 인간 배아 적용은 윤리적·사회적 합의 후 진행 필요

5) 출처
   - WHO 보고서, 2021
   - Nature Vol. 615, 2023
   - 한국생명윤리정책연구원, 생명윤리보고서 2022
   - CRISPR 국제윤리기준(ISSCR, 2020)

예상 질문 목록 및 답변 전략

예상 질문	의도	준비된 답변 전략
Q1. 배아 유전자 편집이 유전병을 완전히 없애줄 수 있다면 왜 반대하나요?	기술의 장점 강조	"기술의 의도는 좋지만, 인간 생명에 직접 적용하기에는 아직 불확실성과 윤리적 기준이 해결되지 않았습니다. 완전한 안전성과 합의 없이는 사회적 재앙이 될 수 있습니다."
Q2. 다른 나라에서 시행되면 한국도 따라가야 하지 않나요?	국제 경쟁 압박	"일부 국가가 도입하더라도 한국은 윤리 기준과 안전 기준을 철저히 따지는 방향이 더 신뢰받는 과학 발전이 될 수 있습니다."
Q3. 성인 체세포 유전자 편집도 위험한데 왜 그것은 찬성하나요?	일관성 문제 지적	"성인 체세포 편집은 개인의 동의 하에 시도되며, 생식세포나 후손에게 유전되지 않습니다. 배아 편집은 동의 없이 영구적으로 유전되기 때문에 더 위험합니다."
Q4. 규제를 하면서 점진적으로 발전시키면 되지 않나요?	절충안 제시	"현재는 규제와 실험이 구분되지 않는 상황입니다. 실험이 규제로 포장되기 쉬운 만큼, 기초 연구는 가능하되 인간 배아 적용은 엄격히 제한해야 합니다."

나. 논제 : 맞춤아기

1) 문제 상황

인도의 '구세주 동생' 오빠 골수 이식 성공했지만, 윤리성 논란 , 구세주 아기

2018년 10월 태어난 카브야 솔란키는 생후 18개월이던 지난 3월

골수를 일곱 살 오빠 압히짓에게 이식했다. 골수를 이식 받은 압히짓은 지중해빈혈이란 희귀 질환을 앓고 있었다. 유전적 결함으로 적혈구 내 산소를 운반하는 헤모글로빈 수치가 낮아져 정기적인 수혈을 필요로 했다. 〈중략〉 골수 이식이 완전한 치료가 될 수 있다는 것을 들었을 때 방법을 모색했지만, 첫째 딸을 포함해 가족 가운데 맞는 골수를 찾을 수 없었다. 2017년 사흐데브신은 '구세주 동생(saviour siblings)'에 대해 알게 됐다. 구세주 동생은 선천적 장애나 질병을 앓는 형제자매를 위해 태어난 맞춤형 아기를 뜻한다. 〈중략〉

생명윤리를 둘러싼 논란 구세주 아기의 세계 최초 사례로는 미국에서 20년 전에 '판코니 빈혈(Fanconi anaemia)'이란 희귀 유전질환을 갖고 태어난 여섯 살 누나를 위해 태어난 애덤 내시가 꼽힌다. 당시에도 애덤의 출생을 두고 부모가 원해서 아이를 낳은 것인지, 아니면 단순히 누나의 치료를 위한 '의료 도구'인지 논란이 됐다. 이는 우생학 혹은 유전자검사를 통해 특정 배아를 선택하는 소위 '맞춤아기'의 가능성에 대한 논란으로 이어졌다. 2010년 영국에서도 첫번째 구세주 아기가 태어나 논란이 됐다. 카브야의 출생으로 인도에서도 아기가 '도구'로 전락하는 건 아닌지, '완벽한 아이를 구매'하는 것이 윤리적인지에 대해 논쟁이 일고 있다. 〈중략〉

〈출처 : BBC NEWS 코리아(https://www.bbc.com/korean)〉

▶ 2) 토론 논제

[논제 1] 가족의 질병을 치료하기 위해 태어난 아기인 '구세주 아기'에 대해 부모가 건강한 아이를 원하고 아이들의 건강을 좋게 하려는 데 비윤리적이란 없다는 입장과 아기가 '도구'로 전락할 수도 있다는 의견으로 팽팽히 나뉘고 있다. '구세주 아기'의 생명윤리를 둘러싼 논란을 과학적 관점에서 조사하여 '구세주 아기' 허용에 대한 찬성과 반대 중 한 가지 입장을 정하고 그 타당성에 대해 토론하시오.

[논제 2] '구세주 아기' 허용에 대한 여러 가지 문제점과 그 해결책에 대해 과학적 사고를 바탕으로 토론하시오.

※ 각자 온라인 검색(네이버, 다음, 구글 검색 활용)을 통해 관련 정보와 자료를 검색하여 활용하되 반드시 과학적 근거가 제시되어야 하며 인용 자료는 출처를 밝혀야 함.

▶ 3) 토론 계요서

맞춤 아기(구세주 아기) 반대 논거와 대체 기술로서의 골수 오가노이드 제안

Ⅰ. **주장** ; 구세주 아기는 생명을 도구화하는 윤리적 문제를 야기하므로 반대한다. 이에 대한 대안으로, 환자의 세포를 이용해 윤리적 부담 없이 골수를 생성할 수 있는 골수 오가노이드 기술이 존재하며, 이는 질병 치료에 효과적인 해결책이 될 수 있다.

Ⅱ. **문제 원인 분석**

1. 구세주 아기의 정의 ; 구세주 아기란, 질병을 앓고 있는 형제자매를 치료하기 위한 조직형(HLA) 일치 공여자로 태어나는 아기를 말한다.
2. 구세주 아기 제작 과정
   ① 체외수정(IVF): 부모의 난자와 정자를 체외에서 수정하여 다수의 배아 생성
   ② 착상 전 유전자 진단(PGD): 유전적 질병 유무 및 조직형(HLA) 일치를 검사
   ③ 배아 선택 및 착상: 일치하는 배아를 선택하여 자궁에 착상
   ④ 출생 후 기증: 제대혈, 골수, 조혈모세포, 장기 등 기증
3. 관련 생명공학 원리
   - 조직 적합성(HLA Matching): 면역 거부 반응을 방지하기 위해 필수
   - 조혈모세포 이식: 백혈병, 재생불량성빈혈 등 치료에 사용
   - 유전자 선별(PGD): 질병 유전 가능성을 낮추기 위해 사용

Ⅲ. **구세주 아기 기술에 대한 반대 논거**

1. 생명 윤리 문제
   - 생명의 도구화: 아기의 존재 목적이 치료 수단으로 국한됨
   - 심리적 부담: 자신의 존재 이유에 대한 혼란
   - 배아 폐기: 유전자 결함이 있는 배아의 폐기는 생명 존중 원칙 위배
2. 사회적 문제
   - 불평등 심화: 고비용 기술로 인한 계층 간 의료 접근성 격차
   - 유전 선별의 남용: 외모, 지능 등 선호 특성을 선택할 우려
   - 장기 매매 가능성: 생명을 거래 수단으로 여길 위험성

Ⅳ. 문제점 해결 방안

1. 생명 윤리 대응 방안
- 생명 윤리 교육 강화: 의료계 및 일반 사회 대상 생명 존중 교육
- 법적 규제 마련: 남용을 막기 위한 구세주 아기 시술에 대한 규제
- 사회적 합의 도출: 다양한 이해관계자의 의견 반영 필요

2. 사회적 문제 대응 방안
- 공공 의료 지원 확대: 저소득층의 시술 접근성 보장
- 유전자 선별 기준 설정: 무분별한 선별 방지 | • 장기 매매 방지: 국제 협력 및 법률 강화

3. 생명의 도구화 문제와 환자 생명 위협 문제 해결
- 조혈모세포 기증자 등록 확대 | • 국제 데이터베이스 공유
- 구세주 아기의 법적·사회적 보호 강화

4. 치료 실패 및 심리적 부담 대응
- 면역억제제 개발 및 맞춤형 치료 연구 강화 | • 심리 상담 및 정체성 교육 프로그램 제공

5. 유전 질환 대물림 및 경제적 접근성 문제
- PGD 활용 확대 | • 정부의 재정 지원 및 보험 제도 도입

Ⅴ. 윤리적 대안: 골수 오가노이드 기술

1. 기술 개요 및 단계별 설명

가. 역분화 만능 줄기세포(iPSC) 생성
- 환자의 세포에 핵심 유전자(Oct4, Sox2, Klf4, c-Myc) 도입
- 2006년 야마나카 신야 교수의 연구 성과 기반

나. 조혈모세포로의 분화
- 3D 배양 시스템 + 성장인자(SCF, IL-3 등) | • 2017년 Nature 게재 프로토콜 적용

다. 골수 미세환경 재현
- 3D 프린팅, ECM 성분, 하이드로젤 활용 | • 조혈모세포 생존 및 분화 최적화

라. 고급 배양 시스템
- AI 기반 단백질 예측(AlphaFold) | • 실시간 모니터링, 대사 분석, 미세유체장치 연결

2. 기술의 의학적·윤리적 가치
- 기증자 불필요: 자가 유래 세포 사용 | • 윤리 문제 없음: 배아 사용 없이 치료 가능
- 정밀의료 실현: 개인 맞춤형 이식 | • 경제적 접근성 향상: 장기적으로 치료 비용 절감 가능

Ⅵ. 결론
구세주 아기 기술은 생명을 구할 수 있는 수단이 될 수 있으나, 인간의 존엄성과 생명의 윤리를 훼손할 수 있는 중대한 문제를 안고 있다. 이에 대한 대안으로 제안되는 골수 오가노이드 기술은 윤리적, 과학적, 경제적 측면에서 더 우수한 해결책이 될 수 있다. 우리는 이러한 첨단 기술의 발전을 지지하며, 생명을 단순한 수단으로 여기지 않는 인간 중심의 의료윤리확립을 지향해야 한다.

Ⅶ. 참고문헌 및 자료

"Organoid Intelligence" (2023, Johns Hopkins University Press), "Robotics in Regenerative Medicine" (Springer, 2024), https://v.daum.net/v/20250210110024610,
https://blog.naver.com/medosam/223754794240, https://www.theguru.co.kr/news/article.html?no=84226
https://biz.chosun.com/site/data/html_dir/2020/07/03/2020070304010.html?utm_source=naver&utm_medium=original&utm_campaign=biz, https://blog.naver.com/gamaer21/223780072151

4) 예상 질문 및 예시 답안 30개

I. 줄기세포 및 유전자 기술 관련 질문

1. 맞춤아기를 만드는 데 사용되는 기술은 무엇인가요?

⇒ 주로 **착상 전 유전자 진단(PGD, Preimplantation Genetic Diagnosis)**과 체외수정(IVF)기술이 사용됩니다. 배아 상태에서 유전질환이 없는 것을 선별하고, 조직적합성(HLA)이 맞는 아기를 선택해 출산합니다.

2. 착상 전 유전자 진단(PGD)의 과학적 정확도는 얼마나 되나요?

⇒ 95~98%로 매우 높은 정확도를 자랑하지만, 완전히 오류가 없는 것은 아니며 모자이크 배아 문제나 유전자 검출 한계 등으로 오진 가능성도 존재합니다.

3. HLA가 무엇이며, 왜 맞춰야 하나요?

⇒ HLA(Human Leukocyte Antigen)는 면역 시스템에서 자기/비자기를 인식하는 유전자입니다. 골수나 조직을 이식할 때 HLA가 일치해야 면역 거부 반응 없이 이식이 성공합니다.

4. 줄기세포는 어떻게 골수세포로 분화하나요?

⇒ **조혈모세포(Hematopoietic stem cells)**가 골수의 주요 구성 세포로, G-CSF, SCF, IL-3, IL-6 등의 사이토카인을 이용하면 시험관 내에서 골수세포로 분화시킬 수 있습니다.

5. 줄기세포는 어떤 종류가 사용되나요?

⇒ 배아줄기세포(ESC), 유도만능줄기세포(iPSC), 성체줄기세포 중 iPSC가 윤리적 부담이 적고, 개인 맞춤형 치료에 적합합니다.

6. iPSC를 이용한 골수 오가노이드는 어떻게 만들어지나요?

⇒ 환자의 피부세포 등에서 iPSC를 유도하고, 이를 골수조직 특이적 신호와 지지세포 환경에서 3차원으로 배양하여 골수 구조와 기능을 가진 오가노이드로 발전시킵니다.

7. iPSC 유도 과정은 어떤 기술로 이루어지나요?

⇒ 야마나카 인자(Oct4, Sox2, Klf4, c-Myc)를 도입하여 성체세포를 다시 미분화 상태로 되돌리는 방식이며, 현재는 바이러스 없이도 효율적으로 유도 가능한 방법이 개발되고 있습니다.

8. 오가노이드와 일반 세포 배양의 차이는 무엇인가요?

⇒ 오가노이드는 실제 조직의 구조와 기능을 모사한 3차원 세포 집합체로, 단순한 세포 배양보다 훨씬 생리적 유사성이 높습니다. 특히 골수 기능을 모사해 조혈 작용이 가능하다는 점이 특징입니다.

II. 구세주 형제의 생명윤리와 생물학적 문제점 관련

1. 맞춤아기를 위한 PGD는 배아의 생명을 침해하지 않나요?

⇒ PGD는 여러 배아를 생성하고 일부만 착상하며, 나머지는 폐기되거나 연구에 사용됩니다. 이는 배아 생명 존엄성의 침해로 볼 수 있습니다.

2. 구세주 아기에게 필요한 유전형(HLA 일치 등)을 갖춘 배아가 없으면 어떻게 되나요?

⇒ 성공 확률이 낮을 경우 여러 번 IVF 과정을 반복해야 하며, 이는 여성과 태아 모두에게 큰 신체적, 정신적 부담이 됩니다.

3. 출산된 맞춤아기가 원하지 않는 기증을 강요당할 수 있나요?

⇒ 네. 특히 아동의 자율권이 완전히 성립되기 전에는 부모의 동의로 골수, 제대혈 등 이식이 이뤄질 수 있고, 이는 비윤리적 논란의 대상입니다.

4. 구세주 형제가 치료 효과를 보장하나요?
  ⇒ 절대 아닙니다. HLA가 일치해도 이식 실패, 면역 거부 반응, 재발 등으로 치료에 실패할 수 있습니다.

5. iPSC 기반 골수 오가노이드는 이식 거부 반응이 없나요?
  ⇒ 자가(iPSC) 유래 오가노이드는 유전적으로 환자와 동일하므로 거부 반응이 거의 없습니다. 이는 큰 장점입니다.

6. 오가노이드에서 조혈세포를 채취한 뒤 환자에게 어떻게 이식하나요?
  ⇒ 일정 배양 뒤 골수 오가노이드 내에서 생성된 CD34+ 조혈모세포를 분리하여, 자기 골수 이식 혹은 정맥 주사방식으로 투여합니다.

7. 오가노이드를 통한 치료는 성인에게도 적용 가능한가요?
  ⇒ 물론입니다. 구세주 아기는 주로 소아 환자 대상이지만, 오가노이드는 전 연령층에 적용 가능하며 고령 환자에게도 활용 가능합니다.

III. 과학적·기술적 한계 및 적용 가능성 관련

1. 골수 오가노이드 기술은 어느 단계까지 발전했나요?
  ⇒ 현재 실험실 수준에서는 인간 iPSC 유래 골수 오가노이드에서 조혈 능력을 가진 세포가 생산되고 있으며, 마우스 실험에서 기능적 이식도 성공한 사례가 존재합니다.

2. 상용화까지 남은 기술적 과제는 무엇인가요?
  ⇒ 안정적 대량 배양, 조혈세포의 기능 유지, GMP 기준의 생산 및 규제 승인 절차가 필요합니다.

3. 골수 오가노이드는 암 치료 외 다른 질환에도 응용 가능한가요?
  ⇒ 예, 백혈병 외에도 골수이형성증후군, 재생불량성 빈혈, 자가면역 질환등에서 치료 가능성이 높습니다.

4. 오가노이드 배양 과정에서 돌연변이나 유전자 이상이 생길 가능성은 없나요?
  ⇒ iPSC 유도 및 장기 배양 중 일부 유전자 변이가 발생할 수 있으므로, 정기적 유전체 검사와 클론 선별 과정이 필요합니다.

5. 맞춤아기 기술은 왜 법적 규제를 받아야 하나요?
  ⇒ 생명의 상품화 우려, 아동의 자기결정권 침해, 유전자 선택으로 인한 사회적 불평등 등 문제가 있으며, 한국과 유럽 다수 국가는 PGD의 범위를 제한하고 있습니다.

IV. 사회적 비용 및 공공의료 적용 질문

1. 오가노이드 기반 치료의 비용은 얼마나 되나요?
  ⇒ 초기 연구 비용은 높지만, 상용화되면 기존 골수이식 대비 저렴하게 자가치료 가능하며, 장기적 비용 감소가 기대됩니다.

2. 맞춤아기 방식은 누구나 접근 가능한가요?
  ⇒ 현실적으로 IVF, PGD 비용과 반복 실패 가능성 등으로 부유층만 접근 가능한 방식입니다. 이는 공공의료 형평성에 어긋납니다.

3. 오가노이드 기술은 공공병원에서도 적용 가능한가요?
  ⇒ 생산 시스템이 표준화되면 가능하며, 중앙 의료기관이 iPSC 유래 세포은행을 운영하는 방식도 가능합니다.

4. 골수이식 대기 시간은 오가노이드 기술로 어떻게 달라지나요?
⇒ HLA 일치 기증자를 찾는 기존 방식보다 빠르게 자가 오가노이드를 제작해 이식 가능하므로, 대기 시간은 획기적으로 단축될 수 있습니다.

V. 미래 확장성 및 기술 융합 가능성 관련

1. CRISPR 기술과 오가노이드를 융합할 수 있나요?
⇒ 네. CRISPR로 유전자 교정을 거친 iPSC에서 오가노이드를 만들면 유전 질환까지 교정된 자가 치료 세포를 확보할 수 있습니다.

2. 오가노이드와 바이오프린팅을 결합하면 어떤 이점이 있나요?
⇒ 3D 바이오프린팅으로 오가노이드를 정밀 구조로 제작하면 혈관화된 골수 조직 등 더 생체 유사한 이식편이 가능해집니다.

3. 조혈 외에도 면역세포를 생성할 수 있나요?
⇒ 골수 오가노이드는 NK세포, T세포 전구세포등을 생성할 수 있어 면역 치료용 세포 생산도 가능합니다.

4. 오가노이드 기술의 안전성은 어떻게 검증하나요?
⇒ 동물실험과 임상시험을 거쳐 세포의 암화 가능성, 기능적 조혈능, 면역 반응 여부 등을 검증하며, FDA 등의 규제기관 기준을 통과해야 합니다.

5. 오가노이드 기술이 인간 복제나 유전자 디자이닝으로 악용될 수 있지 않나요?
⇒ 기술 자체는 중립적이지만, 명확한 법적 가이드라인과 생명윤리 규제가 병행되어야 부작용을 예방할 수 있습니다.

6. 맞춤아기 방식보다 골수 오가노이드가 윤리적이라고 판단하는 이유는 무엇인가요?
⇒ 오가노이드는 생명을 수단화하지 않고 기존 환자의 세포를 이용한 자가치료 방식이기 때문입니다. 아동의 권리를 침해하지 않고, 생명의 가치도 존중합니다.

다. 논제: 미세플라스틱

1) 문제 상황

전세계 바다에 떠다니는 미세플라스틱 입자가 171조 개에 달하고 총 무게만 230만 톤(t)에 이른다는 연구 결과가 나왔다. 연구진은 2005년 이후 해양 플라스틱 오염이 전례없이 증가하고 있어 현재의 상태가 지속된다면 2040년에는 바다로 유입되는 미세플라스틱 양이 거의 3배에 달할 수 있다고 경고했다. 미국 메틴스 미 캘리포니아 환경보존단체 '5 자이러스 연구소(Gyres Institute)' 연구원 연구팀은 40년간 전세계 바다에 떠다니는 미세플라스틱을 분석한 연구 결과를 8일(현지시간) 국제학술지 '플로스원'에 게재했다.

전세계 플라스틱 생산량은 지난 수십년간 급증했다. 2022년 OECD 통계에 따르면 매년 약 9%의 플라스틱만이 재활용되고 나머지는 소각되거나 매립되며, 상당량이 해양으로 유입된다. 플라스틱은 작은 조각으로 분해되면서 지름이 5mm 이하인 미세플라스틱으로 변해 바다를 떠다닌다. 해양생물들이 이를 먹고 다양한 질병이 발생할 수 있어 지식 생태 먹이사슬의 교란뿐만 아니라 해양 생태계의 위협에 대한 경고음이 커지고 있다.

연구팀은 1979년부터 2019년까지 북대서양, 남대서양, 북태평양, 남태평양, 인도양, 지중해 등 6개 주요 해양에서 11771개 지점을 표본조사 해 해양 표면의 플라스틱 오염 현황을 분석했다. 이들은 지난 40년간 1979년부터 2019년 말까지 약 171조개의 미세플라스틱이 바다를 떠다니고 있다고 분석했다. 2019년 기준 바다에 떠다니는 미세플라스틱 무게는 약 230만톤에 달하는 것으로 추정된다. 연구진은 바다에 버려진 플라스틱 쓰레기 중 일부는 해류를 따라 이동해 집결하며 거대한 쓰레기 지대를 형성하고 있다고 설명했다.

에릭슨 연구원은 "현재와 같은 속도로 플라스틱을 계속 생산한다면 정화 작업은 무의미"라며 "플라스틱 오염 문제를 원천적으로 막을 수 있는 법적이고 강력한 규제 방안 구축이 필수 조치가 필요하다"고 밝혔다. 전세계는 오는 1년 간(현지시간) 케냐 나이로비에서 열릴 제5차 유엔환경총회에서 플라스틱 생산과 폐기 제한 규제를 위한 글로벌 조약을 논의할 예정이다. 유엔 환경계획은 2024년까지 마련하기로 합의했으나 신규 플라스틱 생산을 감축할 목표 두고 이견을 좁히지 못하고 있는 것으로 전해졌다.

(출처: 동아사이언스)

하와이 카일루 해변에서 발견된 미세플라스틱 - 미국 5 자이러스 연구소 제공

▶ 2) 토론 논제

[논제1] 해수면에 떠다니는 미세플라스틱을 제거하기 위한 방법을 3가지 제시하고, 과학적인 근거를 들어 설명하시오.

[논제2] 미세플라스틱 문제를 해결하기 위해 생분해성 대체 소재 개발이 먼저인지, 플라스틱 생산과 폐기를 규제하는 것이 먼저인지 하나의 입장을 선택하고, 선택한 해결 방안에 대해 과학적인 근거를 들어 그 타당성을 설명하시오.

※ 각자 온라인 검색(네이버, 다음, 구글 등 검색 활용)을 통해 관련 정보와 자료를 검색하여 활용하되 반드시 과학적 근거가 제시되어야 하며 인용 자료는 출처를 밝혀야 함.

▶ 3) 토론 계요서

Ⅰ. 주장

미세플라스틱 제거를 위해 친환경 염료 응집, 생체 뼈 흡착, 미생물 분해 등 다양한 방법이 제안되고 있지만, 플라스틱 생산량과 폐기물 배출량이 계속 기하급수적으로 증가하는 현실을 고려할 때, 미세플라스틱 제거뿐 아니라 재활용성을 극대화할 수 있는 고효율 분해 효소 개발과 같은 근본적인 해결책이 필요하다.

Ⅱ. 미세플라스틱 제거 방법 및 과학적 근거

미세플라스틱이란? ; 플라스틱 제품이 분해되는 과정에서 발생하는 길이 3~5mm 크기의 미세한 플라스틱 조각을 의미하며, 생태계 및 인체 건강에 심각한 영향을 미친다.

1. 제거 방법 ① : 프러시안 블루 응집법

- 과학적 근거: 프러시안 블루는 주로 청바지 염료나 방사능 제거제에 사용되는 물질로, 물속에 분산시키면 미세플라스틱과 결합하여 광선에 의해 응집되고 가라앉는 성질이 있다.
- 활용 가치 : ① 철·알루미늄 응집제보다 250배 높은 제거 성능
  ② 인체 및 생태계에 무해, 자연광만으로 작동
  ③ 응집 잔여물 없음, 후처리 불필요해 시간·비용 절약
  ④ 친환경성과 효율성 모두 충족하는 차세대 응집제

2. 제거 방법 ②: 오징어 뼈 스펀지 필터링

- **과학적 근거** : 오징어 뼈의 키틴과 셀룰로오스가 결합해 만든 생분해성 스펀지를 이용하여 물리적으로 미세플라스틱을 걸러냄.
- **활용 가치** : ① 바닷물, 강, 상수도 등 다양한 환경에서 높은 제거 효율
  ② 간편한 부착 방식, 필터로서 반복 사용 가능
  ③ 스펀지 분석을 통해 지역별 오염도 측정 도구로 활용가능

3. 제거 방법 ③: 플라스틱 분해 효소 '쿠부M12'

- **과학적 근거** : PET(폴리에틸렌 테레프탈레이트)를 생물학적으로 분해할 수 있는 효소로, 열이나 화학물질 없이 고효율 분해 가능.
- **활용 가치** : ① 1시간에 45%, 8시간에 90% 이상 분해가능
  ② 기존 기계적/화학적 재활용보다 환경에 무해한 생물학적 재활용(BR)가능
  ③ 반응 선택성이 높고 부산물 없음, 고품질 원료 재활용 가능

III. 플라스틱 생산 및 폐기 규제 필요성

2050년까지 플라스틱 폐기물은 지금의 2배인 1억 2100만 톤, 온실가스 배출량도 연 37%씩 증가할 것으로 예상된다. 2020년 기준 전 세계 플라스틱 소비량 5억 4700만 톤 중 약 32%가 포장재로 쓰였으며, 적절한 처리 없이 그대로 배출되고 있다. 따라서 신소재 개발만으로는 부족하며, 플라스틱 생산 자체를 줄이기 위한 정책도 병행되어야 한다.

- **구체적인 정책 방안** : ① 포장재에 대한 소비세 부과, ② 일회용 플라스틱 규제 강화,
  ③ 보증금 반환 제도 도입
- **효과 예시** : 쿠부M12 효소를 통한 생물학적 재활용 기술을 활용할 경우,
  ⇒ 2050년까지 플라스틱 폐기물 91% 감축,
  ⇒ 탄소 배출량 약 1/3 수준으로 저감가능

IV. 창의적 문제 해결 방안

1. 바이오 촉매를 활용한 플라스틱 생물학적 분해

- **개념** : 경북대 김경진 교수와 CJ제일제당 연구팀이 세계 최고 수준의 바이오 촉매 개발
- **특징** : PET에 선택적으로 작용해 오염이나 품질 저하 없이 재활용가능
- **장점** : 기존 기계적 재활용보다 효율 높고, 오염된 플라스틱도 영구적으로 재활용가능

2. 폐-원료-재생의 폐쇄순환 구조 구축

- **원리** : 분해된 단량체를 PET로 다시 재합성 ⇒ 자원 순환 구조 실현
- **장점** : ① 고순도 원료 확보, 재활용 제품의 품질 향상
  ② 석유 기반 신원료 사용 감소, 자원 고갈과 환경 오염 완화

3. 지역 기반 효소 처리 시스템 구축

- **원리** : 쿠부M12의 빠른 반응속도를 활용해 지역 단위 재활용소에 소규모 효소 처리 시설 설치
- **장점** : ① 현지에서 즉시 분해 처리가능 ⇒ 물류 비용 및 에너지 절감
  ② 중앙 집중형의 한계 극복, 지역 맞춤형 재활용 체계 실현

V. 출처

1. 청바지 염색하는 '프러시안 블루'로 물속 나노 플라스틱 안전하게 제거
   등록일 : 23-10-12 물자원순환연구단 최재우 박사팀
2. 중국 우한대학교 연구진, Cotton-and-squid-bone sponge can soak up 99.9% of microplastics, scientists say
3. 플라스틱 폐기물 처리, 인식의 대전환 필요하다, GS칼텍스 - 2021.10.20
   https://gscaltexmediahub.com/esg/gsc-esg/how-to-deal-with-plastic-waste/
4. 국내 연구진 "플라스틱 8시간 만에 90% 분해하는 효소 개발"
   경북대 김경진 교수·CJ제일제당 연구팀
   "오염 플라스틱도 재활용할 수 있는 생물학적 분해(BR) 기술"
   https://www.hani.co.kr/arti/science/science_general/1176099.html
5. https://news.sbs.cokr/news/endPage.do?news_id=N1007934243&plink=COPYPASTE&cooper=SBSNEWS MOBEND
   국내 연구진, 플라스틱 90% 분해 생물학적 분해 효소 개발_ 출처 : SBS 뉴스
6. newstree.kr/newsView/ntr202411150011 (플라스틱 생산과 폐기 규제)

▶ 4) 예상 질문 및 예시 답안 30개

I. 미세플라스틱 제거 방법 및 과학적 근거 관련 질문

1. 프러시안 블루를 이용한 응집 기술은 어떤 원리로 작동하나요?
⇒ 프러시안 블루는 금속 이온과 결합할 수 있는 구조를 가진 물질로, 수중에 퍼지면 미세플라스틱 표면의 정전기적 특성과 상호작용하며 결정을 형성합니다. 이 결정은 미세플라스틱과 융합해 무거운 덩어리를 형성하고, 이는 자연스럽게 침강하여 바닥으로 가라앉습니다.

2. 프러시안 블루는 인체에 무해한가요?
⇒ 네, 프러시안 블루는 FDA에서도 승인한 물질로, 인체에 무해하며 의료 현장에서는 방사능 물질 중독 치료제로도 사용됩니다. 따라서 생태계나 인체에 악영향을 주지 않습니다.

3. 프러시안 블루를 사용하면 잔여물이 남지 않는 이유는 무엇인가요?
⇒ 프러시안 블루는 미세플라스틱과 완전하게 융합하여 고체 덩어리를 형성하기 때문에, 액상 잔여물이나 유해 부산물이 남지 않습니다. 이 덩어리는 간단한 물리적 방식으로 제거할 수 있습니다.

4. 오징어 뼈 스펀지는 어떤 방식으로 미세플라스틱을 제거하나요?
⇒ 오징어 뼈에서 추출한 키틴과 셀룰로오스를 이용한 스펀지는 다공성 구조를 가지고 있어 물이 통과하면서 물리적으로 미세플라스틱을 걸러냅니다.

5. 오징어 뼈 스펀지는 재활용이 가능한가요?
⇒ 네, 키틴과 셀룰로오스는 생분해성 물질이므로 사용 후 환경에 부담 없이 폐기하거나, 특정 처리를 통해 재사용이 가능합니다.

6. 오징어 뼈 스펀지는 어떤 환경에서 가장 효과적으로 작동하나요?
⇒ 강, 하천, 상수도 등의 다양한 수질 조건에서 활용 가능하며, 특히 흐름이 있는 물 환경에서 지속적인 필터링 효과를 발휘합니다.

7. 쿠부M12는 어떤 효소이며, 어떻게 작용하나요?
⇒ 쿠부M12는 PET(폴리에틸렌 테레프탈레이트)를 분해하는 효소로, PET 분자 사이의 에스터 결합을 절단하여 단량체로 분해합니다. 이 단량체는 다시 재합성에 사용될 수 있습니다.

8. 쿠부M12의 분해 속도는 어느 정도인가요?
    ⇒ 약 1kg의 PET를 1시간 내 45%, 8시간 내 90% 이상 분해할 수 있는 빠른 반응 속도를 가지고 있습니다.

9. 쿠부M12는 환경에 어떤 영향을 주나요?
    ⇒ 쿠부M12는 생물학적 분해 효소로, 분해 과정에서 유독한 부산물을 생성하지 않고 선택적으로 PET에만 반응합니다. 따라서 친환경적인 플라스틱 재활용이 가능합니다.

II. 플라스틱 재활용성과 규제 관련 질문

1. 왜 단순 제거보다 재활용성 향상이 중요한가요?
    ⇒ 플라스틱은 생산량이 계속 증가하고 있으며, 단순 제거는 일시적 해결일 뿐입니다. 재활용성을 높이면 폐기물 자체의 양을 줄일 수 있으며, 순환 경제 구조를 통해 자원 효율성을 극대화할 수 있습니다.

2. 플라스틱 생산을 규제하지 않으면 어떤 문제가 발생하나요?
    ⇒ 2050년까지 연간 플라스틱 폐기물은 현재의 2배에 달하고, 온실가스 배출량도 37% 증가할 것으로 예상됩니다. 이는 기후위기와 해양 생태계 붕괴를 초래할 수 있습니다.

3. PET 재합성 공정이란 무엇인가요?
    ⇒ PET 재합성이란, 효소로 분해된 단량체(테레프탈산과 에틸렌글리콜 등)를 다시 중합시켜 새로운 PET를 만드는 과정을 의미합니다. 이 과정은 품질 저하 없이 플라스틱을 재생산할 수 있게 합니다.

5. 기계적 재활용과 생물학적 재활용의 차이는 무엇인가요?
    ⇒ 기계적 재활용은 플라스틱을 녹여서 새 제품을 만드는 방식이지만, 반복 사용 시 품질 저하가 심합니다. 반면 생물학적 재활용은 효소로 분해한 뒤 고순도의 원료로 다시 합성하므로 품질이 유지됩니다.

6. 분해된 플라스틱의 단량체를 다시 활용할 수 있다는 것이 왜 중요한가요?
    ⇒ 이를 통해 신원료(석유 유래 물질)의 사용을 줄일 수 있으며, 자원 고갈과 환경 오염 문제를 동시에 해결할 수 있습니다.

III. 창의적 문제 해결 및 시스템 구축 관련 질문

1. 바이오 촉매와 일반 효소의 차이점은 무엇인가요?
    ⇒ 바이오 촉매는 특정 반응에 대해 높은 선택성과 반응성을 가지며, 특정 온도나 환경에서 최적화된 반응을 유도합니다. 이는 일반 효소보다 효율성이 높고, 플라스틱 재활용 품질도 뛰어납니다.

2. 현장 효소 처리 시스템이란 무엇인가요?
    ⇒ 지방 자치 단체나 재활용 센터에서 쿠부M12 효소를 소규모로 운영하여, 수거된 폐기물을 현장에서 바로 분해하고 재활용 원료로 전환하는 시스템입니다.

3. 현장 처리 시스템의 장점은 무엇인가요?
    ⇒ 물류비용 절감, 에너지 소비 감소, 신속한 처리 가능성 등입니다. 중앙 집중식보다 유연하고 지역 특화가 가능하다는 장점이 있습니다.

4. 왜 플라스틱 폐기물 수거 방식도 혁신이 필요한가요?
    ⇒ 수거 후 분류, 운송, 처리 과정에서 많은 비용과 시간이 발생합니다. 따라서 분해와 재활용을 현지에서 바로 수행할 수 있으면 훨씬 더 지속가능한 체계를 구축할 수 있습니다.

IV. 윤리적, 사회적, 정책적 질문

1. 기술 개발만으로 플라스틱 문제를 해결할 수 있을까요?
⇒ 기술은 필수 조건이지만 충분 조건은 아닙니다. 생산과 소비의 구조 자체가 바뀌지 않으면 플라스틱 문제는 근본적으로 해결되지 않습니다.

2. 플라스틱 규제를 위한 정책 중 어떤 것이 가장 효과적이라고 생각하나요?
⇒ 보증금 반환제도와 일회용 플라스틱 소비세는 직접적인 소비 행동 변화에 영향을 주며, 제조업체의 설계 변경을 유도할 수 있어 효과적입니다.

3. 재활용을 높이기 위해 소비자가 할 수 있는 일은 무엇인가요?
⇒ 분리배출 철저히 하기, 다회용 제품 사용, 재활용 제품 구매 등이 있으며, 플라스틱 사용 자체를 줄이기 위한 소비 습관의 변화가 중요합니다.

4. 친환경 기술 도입에 가장 큰 장애물은 무엇인가요?
⇒ 초기 비용 부담, 기술 인프라 부족, 관련 법령 미비 등이 있습니다. 이를 해결하려면 정부의 지원과 산업계의 투자 확대가 필요합니다.

V. 기타 창의적 확장 및 융합 아이디어 관련 질문

1. 미세플라스틱 오염도 측정은 어떻게 하나요?
⇒ 오징어 뼈 스펀지를 활용하면 특정 지역에서 걸러낸 미세플라스틱 양을 바탕으로 오염도를 측정할 수 있습니다. 이는 환경 모니터링 도구로서 활용될 수 있습니다.

2. 이 기술들이 개발도상국에서도 적용될 수 있나요?
⇒ 쿠부M12 기반의 생물학적 재활용 시스템은 복잡한 설비 없이도 작동 가능하며, 프러시안 블루나 오징어 뼈 스펀지도 재료 확보가 쉬워 적용 가능성이 높습니다.

3. 이런 기술들이 상용화되기 위해 필요한 조건은?
⇒ 안정된 효소 생산 체계, 법적 인증, 경제성 확보, 그리고 폐기물 수거-처리 연계 시스템 구축이 필요합니다.

4. 기존의 화학적 재활용이 왜 문제가 되나요?
⇒ 화학적 재활용은 고온·고압 조건이 필요하고, 부산물 발생이나 유해가스 배출 위험이 있어 환경 부담이 큽니다.

5. 이 기술들이 기후위기 대응에도 기여할 수 있나요?
⇒ 플라스틱 재활용을 통해 원유 소비를 줄이고, 폐기물 소각에 의한 온실가스 배출도 감소시키므로 기후위기 대응에도 실질적인 기여가 가능합니다.

6. 해양 생태계에 미세플라스틱이 미치는 영향은 무엇인가요?
⇒ 먹이사슬 교란, 독성물질 축적, 생물 다양성 감소 등을 초래하며, 이는 인간의 식량 안전에도 직접적인 영향을 줄 수 있습니다.

7. 학생들이 이런 문제 해결에 참여하려면 어떻게 해야 할까요?
⇒ 환경 캠페인, 연구 프로젝트 참여, 재활용 디자인 콘테스트 참여 등으로 아이디어를 실현하고 의식을 확산시킬 수 있습니다.

8. 향후 가장 발전 가능성이 큰 기술은 무엇이라고 생각하나요?
⇒ 생물학적 재활용 기술입니다. 효소 기술은 품질 저하 없는 순환 구조를 실현할 수 있고, 지속 가능성이 뛰어나며 미래 산업의 핵심 기술로 자리 잡을 가능성이 높습니다.

라. 논제 : 산불피해

▶ 1) 문제 상황

최근 중학교 산불 과학토론 논제
산림청에서는 매년 전국 산불방지를 위해 근원적인 예방대책 강구와 효과적인 진화체계 구축에 힘쓰고 있지만, 다양한 변수들로 인해 산불을 예방하고 진화하는 데 어려움을 겪고 있다.

▶ 2) 논제

우리나라에서 발생하는 대부분의 대형 산불이 봄철에 집중된 이유를 기상 및 자연적 요인 중심으로 논하시오. 또한, 매년 산불이 매해 마다 지속적으로 발생하면서도 산불 예방 및 진화의 어려움을 겪는 이유를 분석하고, 산불을 예방하는 다양한 방법과 산불 발생 시 단기간 내에 효과적으로 진화할 수 있는 방안을 과학적인 근거를 바탕으로 제시하시오

▶ 3) 산불 대응 토론 계요서

1. 주장
최근 대형 산불은 기후변화로 인한 강수량 불균형과 지형적·계절적 특성에 따라 발생하는 강한 바람 등으로 인해 점점 더 빈번해지고 있으며 피해 규모도 커지고 있다. 이에 따라 기존의 진화 방식만으로는 한계가 있으므로, 인공강우, 대형 소방헬기, AI 및 컴퓨터 모델링을 활용한 감시체계, 바람을 막기 위한 기압차 조절 기술등을 적극적으로 도입하여 빠르고 효율적인 산불 대응 시스템을 구축해야 한다.

2. 봄철 대형 산불 집중 원인

(1) 피해 사례 증가 (출처: 블로그 - oceanjikim)
- 강원도 동해, 삼척, 영월 등에서 4,480ha 산림 피해 발생
- 2020년 안동: 1,944ha, 2019년 고성·강릉·인제: 2,872ha 등 최근 산불 규모 대형화

(2) 기상 요인 - 기후변화
- 겨울철 가뭄으로 인한 토양 건조: 2021년 겨울 전국 강수량 평년 대비 14.7%
- 토양 습도 30% 이하로, 대부분 식물이 생존 어려운 '불쏘시개 환경' 조성
- 산불 ⇒ 이산화탄소 급증 ⇒ 지구온난화 가속 ⇒ 다시 산불 환경 악화 (악순환)

(3) 자연 요인
- 산림의 고령화 및 임목 증가: 47년간 14배 증가 (녹색탄소연구소)
- '양간지풍'과 같은 봄철 동해안 국지성 강풍: 건조하고 고온, 속도 빠름, 산불 확산 가속

3. 산불 진화의 과학적 어려움
- 험준한 지형으로 소방차 접근 어려움, 인력 중심 진화의 한계
- 바람에 의한 급속 확산 ⇒ 진화 속도보다 확산 속도가 빠름

- 탈 물질 증가 (연료 및 쓰레기), 산소 풍부한 환경
- 맞불 진화는 오히려 더 큰 화재로 이어질 위험 존재

4. 산불 예방의 인위적 요인

- 산림청 통계(2011~2020): 산불 원인의 34%가 입산자 실화, 전체 피해 면적의 40%
- 방화, 군사훈련, 쓰레기 소각, 담뱃불 등 다양한 인간 실수 포함

5. 창의적 대응 방안 제안

(1) 대형 소방헬기 개발 및 활용

- 기존 비행기를 소방용으로 개조하는 기술 개발 필요
- 예산 확보 및 자국 기술 확보가 중요 (단가 200억 원 이상)

(2) 인공강우 실용화

- 백두대간 등 고지대에서 인공강우 적합
- 중국 사례 참고: 로켓 발사, 비행기/고사포 이용한 강우 유도
- 강우 유도를 위한 추적 시스템과 기상 모델 연동 필요

(3) AI 감시 및 대응 체계

- 드론 기반 감시 카메라 확대: 조기 감지 및 실시간 대응
- 적외선 열화상 드론 활용 ⇒ 산불 확산 속도 및 방향 예측 가능

(4) 산불 예측 컴퓨터 모델링

- 이상기후 기반 산불 위험도 사전 예측 ⇒ 자원 조기 배치
- 캘리포니아 사례: 95% 산불이 조기에 진화

(5) 공간정보기술(GIS) 활용

- 위험지역·확산 경로 예측 ⇒ 대피로 설계 및 진화 전략 수립
- 클라우드 시스템 접목 ⇒ 정밀한 실시간 데이터 분석

(6) 연소 조건 제어 기술

요소	대응 기술
산소 제거	대형 공기흡입기 설치로 산소량 감소 ⇒ 연소 차단
탈 물질 제거	AI 로봇으로 위험 지역의 나무 및 낙엽 제거
온도 차단	액체 질소·드라이아이스 분사 ⇒ 발화점 도달 전 냉각 + CO_2로 산소 차단

(7) 바람의 확산 억제 기술

- 산불 진행 방향의 기압차 줄이기: 인위적인 하강기류 유도
- 고기압 생성 기술로 바람의 유입 차단 ⇒ 확산 속도 저지

▶ 결론

대형 산불은 더 이상 단순한 자연재해가 아니라, 기후변화와 인간 활동이 복합적으로 작용하는 인재(人災)이다. 따라서 단순 진화 중심 대응이 아닌, 과학적 분석 기반의 예방적 접근, 기술적 진화 시스템 도입, 정밀 예측을 통한 자원 분배등의 통합적이고 창의적인 대응 전략이 필요하다.

4) 예상 질문 및 예시 답안 30개

예상 질문 1~10: 산불 발생 원인 및 과학적 배경

1. 왜 최근 들어 산불이 더욱 대형화되고 있나요?

⇒ 기후변화로 인한 강수량 불균형, 겨울철 가뭄, 지구 평균기온 상승 등으로 산림이 더 건조해졌고, 바람이 강해지면서 불이 빠르게 확산되기 때문입니다. 또한 임목량이 크게 증가해 탈물질(가연성 생물량)이 많아졌습니다.

2. 봄철에 산불이 집중되는 이유는 무엇인가요?

⇒ 겨울철 가뭄으로 식생이 말라 있고, 봄철 '양간지풍' 같은 고온건조 바람이 자주 발생하며, 입산 인구 증가로 실화 가능성도 높아지기 때문입니다.

3. 양간지풍이 왜 산불 확산을 가속화하나요?

⇒ 태백산맥을 넘으면서 온도는 높아지고 습도는 낮아지는 '푄 현상' 때문에 매우 빠르고 건조한 바람이 형성되어 산불 확산 속도가 급격히 빨라집니다.

4. 토양 수분과 산불의 관계는 무엇인가요?

⇒ 토양 습도가 30% 이하일 경우 식물의 수분 이용이 제한되고 쉽게 건조해져 불쏘시개 역할을 합니다. 극심한 가뭄은 산불 발생 확률을 크게 증가시킵니다.

5. 산불이 기후변화에 어떤 영향을 미치나요?

⇒ 나무가 불타면 저장된 이산화탄소가 대기 중으로 방출되고, 광합성 작용이 줄어들면서 온실가스 농도가 증가하여 악순환을 유발합니다.

6. 산불이 급속히 확산되는 과학적 메커니즘은?

⇒ 산소, 탈물질, 열이라는 연소의 3요소가 모두 갖춰진 상태에서 바람이 열과 불씨를 퍼뜨려 산불이 기하급수적으로 확산됩니다.

7. 노령화된 나무가 산불에 취약한 이유는?

⇒ 노화된 나무는 내부 수분이 적고 외피가 마르기 쉬워 불에 쉽게 타며, 다량의 건조 생물량을 제공해 연소 반응을 지속시킵니다.

8. 산림이 많아졌는데 왜 산불이 줄지 않나요?

⇒ 나무 수 증가로 연료가 많아졌기 때문에 오히려 불이 더 크게 번지는 환경이 조성되었습니다. 녹색 탄소 역할보다 위험요인이 큽니다.

9. 바람 외에 산불 확산에 영향을 주는 요소는?

⇒ 경사도(불이 위로 번지기 쉬움), 식생 구조, 습도, 온도, 기압 분포 등이 영향을 줍니다.

10. 산불은 왜 기압차를 따라 움직이나요?

⇒ 바람은 고기압에서 저기압 방향으로 불며, 이 바람이 산불의 연소열과 함께 이동하면서 불을 새로운 지역으로 확산시킵니다.

예상 질문 11~20: 진화의 어려움과 기술적 해결책

1. **산불 진화에 어려움이 있는 이유는 무엇인가요?**
   ⇒ 지형 접근이 어렵고, 소방차 진입이 불가능한 지역이 많으며, 산불 확산 속도가 진화 속도보다 빠르고, 탈물질이 풍부해 연소가 지속되기 때문입니다.

2. **맞불 방식은 왜 위험한가요?**
   ⇒ 맞불이 선불과 만나며 더 큰 화염을 일으킬 수 있으며, 바람 방향이 바뀌면 맞불이 오히려 불을 더 퍼뜨릴 수 있습니다.

3. **대형 소방헬기 도입이 중요한 이유는?**
   ⇒ 대형 헬기는 한 번에 더 많은 물을 효율적으로 투하할 수 있어 초기 대응에 효과적이며, 고지대 진입이 용이합니다.

5. **대형 소방헬기를 비행기 개조로 만드는 게 가능한가요?**
   ⇒ 기술적으로 가능하며, 공군용 수송기나 폐기 예정 비행기를 개조해 대형 물탱크와 분사 장치를 장착하면 효율적 소방기로 재탄생시킬 수 있습니다.

5. **인공강우는 실제로 가능한가요?**
   ⇒ 네. 요오드화은, 드라이아이스 등을 이용한 인공강우는 중국, 미국 등에서 이미 활용 중입니다. 단, 적절한 기상 조건과 타이밍이 중요합니다.

6. **인공강우가 산불 진화에 도움이 되는 이유는?**
   ⇒ 비가 내리면 대규모 산림 지역에 고르게 수분을 공급할 수 있으며, 바람이 강한 날에는 바람 진화보다 더 효과적일 수 있습니다.

7. **산불 감시용 드론이 어떤 역할을 하나요?**
   ⇒ 적외선 카메라로 산불 발생 지점과 확산 경로를 실시간 탐지하고, 사람이 접근하지 못하는 지역에서 초기 정보 수집에 핵심적인 역할을 합니다.

8. **AI 산불 감시 시스템은 어떻게 작동하나요?**
   ⇒ 카메라와 센서를 통해 연기, 열 등을 자동 감지하고, 패턴 분석으로 산불 가능성을 예측하며, 실시간으로 경고를 발송합니다.

9. **산불 예측 모델링 기법은 어떤 원리인가요?**
   ⇒ 기온, 습도, 풍속, 과거 산불 데이터 등을 입력하여 시뮬레이션을 돌리고, 위험 지역을 조기에 예측하여 인력과 장비 배치를 최적화합니다.

10. **지리정보시스템(GIS)은 산불 대응에 어떻게 활용되나요?**
    ⇒ 위험도 지도를 생성하고, 산불 확산 예상 경로 및 대피로, 주요 기반시설 위치를 실시간 분석해 전략적 진화 지시를 가능하게 합니다.

예상 질문 21~30: 창의적인 해결방안에 대한 과학적 설명

1. 산소 흡입기를 이용한 산불 진화는 과학적으로 가능한가요?
   ⇒ 공기흡입기를 통해 연소에 필요한 산소 농도를 낮추면 이론적으로 연소가 중단됩니다. 대형 산업용 공기흡입기를 활용한 지역 단위 진화가 가능합니다.

2. AI 로봇이 나무를 제거해서 불이 퍼지는 걸 막는다는 아이디어는 현실적인가요?
   ⇒ 최근 산림관리 로봇 기술은 빠르게 발전 중이며, AI가 연소 경계선을 따라 나무 제거 작업을 수행하면 방화선 구축 효과가 있습니다.

3. 액체질소를 활용한 급속 냉각은 안전하고 효과적인가요?
   ⇒ 액체질소는 -196℃의 온도로 발화점을 급격히 낮추며, 이산화탄소와 함께 산소 차단도 유도하여 효과적입니다. 다만 운반과 분사 장비 확보가 중요합니다.

4. 드라이아이스를 활용한 냉각 방식의 장점은?
   ⇒ 대기 중 수증기를 응축시켜 미세한 눈이나 안개를 유도할 수 있고, 동시에 주변 온도를 떨어뜨려 발화를 억제하는 효과가 있습니다.

5. 기압차 조절로 바람을 줄인다는 건 가능한가요?
   ⇒ 이론적으로 고기압 유도 장치를 바람의 유입 방향에 설치해 기압차를 줄이면 바람 속도를 감소시킬 수 있지만, 매우 정교한 설계가 필요합니다.

6. 하강기류를 유도하는 장치는 어떻게 만들 수 있나요?
   ⇒ 냉각 기류를 강제로 공급하거나 드론을 이용한 분사 시스템으로 고온 기류 상단에 냉기를 분사해 하강기류를 유도할 수 있습니다.

7. 산불 진화에 있어서 '바람 제어' 기술의 핵심은?
   ⇒ 바람을 분산시키거나 특정 방향으로 유도하여 불이 퍼지는 경로를 차단하는 것입니다. 이것은 공기역학과 지역 지형 분석이 필수입니다.

8. 산불을 미리 감지하는 AI 알고리즘은 어떤 데이터를 활용하나요?
   ⇒ 연기 패턴, 온도 변화, 실시간 위성 이미지, 과거 산불 발생 위치, 기상 정보 등을 학습하여 이상 징후를 탐지합니다.

9. AI를 활용한 산불 예측 정확도는 어느 정도인가요?
   ⇒ 최근 연구에 따르면 예측 정확도는 85~95%까지 도달했으며, 예보 시스템과 연계하면 조기 대응 효과가 높습니다.

10. 기후변화 시대에 산불 대응 기술의 미래는?
   ⇒ 위성+AI+드론 통합 시스템, 기압조절 기술, 친환경 소화제, 산림복원용 나노기술, 그리고 기후 회복을 위한 전방위적 생태 기술이 중요한 역할을 할 것입니다.

마. 논제: 인류세

1) 문제 상황 요약

- 인류의 활동으로 최근 지질시대 '홀로세'에서 '인류세'로의 전환 제안
- 인류세란 인간 활동이 지구에 큰 영향을 미친 시대
- P.J. 크루첸 교수 제안 ⇒ 국제지질학연맹 내 실무그룹(AWG) 구성
- 플루토늄 등 인공 방사성 물질이 인류세의 지표 물질로 제안됨
- 일부 과학자들은 새 지질시대 도입에 반대
- ☞ **주요 용어 정리**
  - AWG (Anthropocene Working Group): 인류세 도입을 연구·제안하는 실무 그룹
  - 지표 물질(marker): 지질시대 구분을 위한 과학적 지표

2) 논제 목록

[논제 1] 새로운 지질시대로 인류세를 지정하는 것에 대한 찬성측과 반대측 의견을 균형 있는 시각에서 다양하게 각각 제시하시오.

[논제 2] 인류세 실무그룹(AWG)은 인류세의 지표 물질로 '플루토늄'을 제안하였는데, 그 과학적 근거를 설명하시오.

[논제 3] 자신이 생각하기에 가장 타당한 인류세 지표 물질을 제안하고(단, 플루토늄 제외), 그 이유를 아래 조건을 고려하여 과학적으로 설명하시오.
  - 제안한 물질이 인간 활동과 연관되어야 함
  - 그 물질이 지층에 남아있고, 지구 여러 지역에서 확인 가능해야 함
  - 특정 시점의 변화가 명확히 드러나야 함
  - 과학적으로 타당하고 사회적 영향력을 갖는 장점 포함

☞ **유의 사항** ; 인터넷 검색을 통한 자료 탐색은 필수이며, 신뢰성 있는 출처 명시

3) 토론 개요서

I. 주장

인간이 살기 시작하면서 환경에 미치는 영향과 변화가 크기 때문에 인류세를 새로운 지질시대로 내세우는 것에 찬성하며, 사람들이 많이 사용하여 현재 환경 오염의 주된 원인이며, 쉽게 썩지 않아 오랫동안 남아있고, 또 널리 퍼져있기에 지표 물질로 플라스틱을 제안한다.

II. 인류세에 대한 다양한 관점

(1) 인류세를 도입을 해야 하는 이유 (찬성)

  가. **인류의 영향력** : 인간이 거대한 힘이고, 지구의 현재와 미래의 변화에 대해 책임이 있다고 본다. 인류는 지구 환경에 영향을 미치는 가장 중요한 요소이다.
  (ex. 지구온난화, 생태계 파괴, 생물 다양성 감소 등 지구 역사에 큰 흔적을 남김)

- **나. 지질학적 증거** : 지질학적 기록을 통해 인류의 활동이 지구에 미치는 영향이 압도적으로 커졌다, 인류의 환경 파괴로 인한 흔적들과 대멸종이 지질층에 기록되어 새로운 지질 시대로 인식해야 한다. (ex. 쓰레기, 플라스틱, 콘크리트, 방사성물질등 인공물질등이 지질층에 기록됨)
- **다. 과학적 분류** : 인류세의 시작점을 1950년으로 합의하고 인간에 의한 새로운 지질시대라 노벨화학상 수상자 파울 그뤼천이 명명하였다. 폭발적 인구증가로 인해 온실가스를 배출하고 핵실험을 통해 방사성 물질이 흔적을 남기기 시작하였다. 새로운 지질 시대의 설정으로 지질학적 기록을 더 정확하게 해석 가능하다.
- **라. 인식과 대처** : 인류세는 자연과학 분야를 넘어 인문학과 예술로 확장되어 다양한 분야에서 지구의 위기를 극복하려는 개념으로 바뀌고 있다. 우리는 인류의 활동이 지구환경에 미치는 것을 이해하고 인간이 더 나은 방식으로 지속가능한 방향으로 변화를 이끌어 가야한다.
  (ex. 재생에너지 개발, 환경 복원을 위한 신기술 개발, 예술 등을 실천)
- **마. 새로운 시대적 필요성** : 인간이 지구를 너무나 많이 변형시켰고 그로 인해 생긴 새로운 시대이므로 인류세라는 전례없는 변화에 직면한 인간에게 지구와 어떻게 관계를 맺어야 하는지에 대한 새로운 사고방식이 필요하다.

(2) 인류세를 도입하지 않으려는 이유(반대)

- **가. 지질학적 관점의 반대 의견**
  1) 지난 15년간의 논의 끝에 International Commission On Stratigraphy(ICS) 캐나다 토론도 근처 크로포드 호수의 퇴적물에 기록된 지표를 기반으로 제안된 인류세 지질시대의 정의를 지질학적 순수 과학적 증거 부족으로 거부 되었다.(nature 627, 249-250)
     ex.) 지난 70년간 형성된 최적층에 두께가 1mm에 불과하다 하였고, 전 세계 지층에서 인류세의 흔적을 찾아 볼수 있을지 의문을 가진다. (Finney and Edwards, 2016)
  2) 미래의 지질학적 관점: 우리가 살고 있는 문명의 시대가 지질학적으로 하나의 시대로 인정받을 만큼 오래되지 않았으며, 인류세라고 불릴만한 시기는 타 지질시대의 연대 측정 오차범위 보다도 짧다. (Finney and Edwards ,2016)
- **나. 인류세 지정 기간적 반대의견**
  1) 홀로세의 의미에서 이미 인류 문명의 발달이라는 측면을 포함하고 있으므로 인류세는 홀로세와 중첩되는 시기라는 주장도 제기되고 있다.(Lewis and Maslin , 2015)
  2) 인류세를 도입했을 경우 홀로세의 존속기간이 급격히 짧아져 '세' 단위가 아닌 '절' 단위로 구분해야 된다는 점도 반대의견을 지지하고 있다.
  3) 인류세 지정 기간 애매: 인류가 지구 환경을 변화시키기 시작한 시점을 언제라고 할 것인지, 또 그것이 층서학적인 의미가 충분한 것인지에 대한 논란이 인류세가 공식적인 지질시대로 인정받을 수 있을지의 여부를 모른다.

III. 플루토늄을 지표 물질로 제안한 근거

(1) 플루토늄은 인류세?

30여 개국 전문가들이 9개 후보지를 놓고 비공개 투표를 진행하였다. 이번 투표에서는 인류세를 대표로 하는 물질로 알루미늄 금속과 방사성 물질 플루토늄, 합성물질인 플라스틱을 꼽는다. 그 중 플루토늄은 분석된 성분 가운데 대표 지표이며 인류세가 1950년대를 시작으로 하는 이유이기도 하다.

(2) 플루토늄이 인류세라고 주장한 이유

가. 방사성 물질 증가 : 플루토늄은 핵무기 실험 및 핵발전소 운영으로 인해 지구 환경에 대량으로 방출되는 방사성 물질이다. 암석층 등 자연이 지구에 변화를 준 지질시대와 달리 핵실험, 화석 연료의 연소 등 인간 활동이 지구에 미친 영향을 기준으로 삼는다.

나. 지질학적 기록 : 인류세의 지표 후보지 중 캐나다 온타리오주 남쪽 크로퍼드 호수는 수심이 24m이다. 플루토늄과 같은 방사성 물질은 지질학적 기록에 남을 수 있다고 한다. 이러한 물질의 존재는 밀도차로 상하층 물이 섞이지 않는 특이성 때문에 바다 진흙층에 인류 활동의 부산물이 켜켜이 쌓여있다.

다. 인류의 영향력 강조 : 대기 중 이산화탄소 농도나 토양 속 질소 함량이 홀로세 범위에 벗어나고 있음을 확인한 뒤 근본 원인이 인간의 활동에 있다고 제안하며 인류가 맞딱드린 위기를 강조, 지구 환경에 미치는 가장 큰 원인임을 인식하고 환경 보호와 지속 가능한 소비에 대한 중요성을 부각 시켜야 한다.

(3) 과학적인 근거

가. 긴 반감기 : 플루토늄의 반감기가 매우 길기 때문에 오랜 기간 동안 지구환경에서 추척 할 수 있다.

나. 환경 중 미량 측정 가능 : 플루토늄은 매우 낮은 농도에서도 감지할 수 있기 때문에 환경 중 미량을 측정하는 데 유용할 수 있다.

다. 인공적인 원소 : 플루토늄은 대부분 인공적으로 만들어진 원소이기 때문에 자연 환경에서는 나타나는 물질과 구분하기 쉽다.

라. 환경오염 추적 : 플루토늄의 존재는 환경오염의 추적과 모니터링에 도움을 줄 수 있다.

(4) 홀로세가 끝이 나는 이유

; 지질시대를 구분하는 가장 보편적인 기준은 생물의 번성과 멸종이다. 과거에는 짧은 시간에 많은 종의 생물이 자취를 감추는 다섯번의 대멸종 있었다. 4억 4천만 년 전에는 지구 생물의 85%가 멸종 되었고, 3억 6천만 년 전에는 해양생물 대 멸종했으며, 2억 5천 1백만 년전에는 화산활동으로 해양생물의 96%, 육지 생물의 70%가 멸종된 것으로 추정된다. 2억 1백만년 전 네 번째 대 멸종은 대륙의 분열과 소행성 충돌로 육지생물 80%, 해양생물 20%정도가 멸종했다. 가장 최근에 일어난 다섯 번째 멸종은 6천6백만년전 우리가 알고 있는 모든 공룡이 사라졌으며, 모든 생물 종 중 75%가 멸종한 것으

로 추정된다. 과학자들이 여섯 번째 대멸종이 다가올 것을 예측하였는데 그 이유를 인류라는 분석을 내놓았다. 과거 지질 시대를 구분한 흔적을 자연에 의해 생성되었지만 인류세의 흔적은 인간에 의해 생성된 것이고, 그 흔적의 대부분은 인간의 환경파괴와 밀접하게 되어있다. 현재는 인류의 활동으로 인한 기후 변화, 생물 다양성 감소, 환경 오염 등으로 인해 지구 환경이 크게 변화하고 있다. 따라서 홀로세 시대가 끝나고 다음 시대가 시작되는 시점은 현재 지구의 환경변화와 지질학적 조건에 따라 결정될 것이다. 이러한 변화는 과학적 연구와 국제적 합의를 통해 결정되며, 새로운 시대의 시작은 여러 요인을 고려한 결정에 의해 이루어질 것이다. 그리고 인류세 도입하기 위해서는 정확한 규정이 필요하며, 학계와 국제 기구들 간의 합의가 필요하다.

IV. 인류세 도입에 필요한 새로운 지표물질 제안: 플라스틱

(1) 플라스틱에 대한 설명

인간이 최초로 실험실에서 만들어낸 플라스틱은 자연에 없던 새로운 화학적 물질이며, 플라스틱이 인류세의 지표 물질인 이유는 플라스틱이 바다의 밑바닥이나 퇴적물에 쌓여 오랜 세월이 지나면 플라스틱 화석이 만들어지는 것이다. 플라스틱 재료는 분해하기 매우 어려워 지구의 지질학에 오랫동안 영향을 미친다.

(2). 해당 지표면 물질과 인간 활동의 구체적인 연관성 제시

가. 플라스틱 화석 : 인간생활 속 다양한 플라스틱 사용, 플라스틱의 지질 퇴적, 태평양에 쓰레기섬과 같이 오랜 세월이 지난 후 '플라스틱화석' 발견 가능성이 많다.

나. 플라스틱의 등장 : 인간 활동이 시작되기 전에는 플라스틱이 현대적인 규모로 생산되기 전이며, 자연 환경에 미치는 영향은 상대적으로 덜 하였다.

다. 플라스틱 사용의 증대 : 최초의 제조 플라스틱은 19세기 중반에 개발되었다. 플라스틱이 갖는 여러 장점들로 인해 1950년대부터 사용량이 230배로 급증하고 중량대비 고강도, 높은 성형성, 불침투성, 물리·화학적 내구성, 저렴한 생산비용 등으로 많은 양이 사용되었다.

라. 환경 오염 : 인간 활동 후의 플라스틱의 변화는 인간의 이익을 위해 분해되지 않는 대규모의 플라스틱을 만들어 내고, 현재 (환경 오염) 플라스틱 제품들이 사용 후 버려지면 환경에 오염을 일으키고, 특히 일회용 플라스틱 제품들은 해양, 강, 숲, 도시 등 모든 환경에서 심각하게 발견되고 있다.

마. 생태계 영향 : 플라스틱은 동식물들에게도 영향을 미친다. 동물들이 플라스틱 조각을 먹거나 식물들이 물 속에서 살아가지 못하는 환경이 만들어지고 있다.

바. 기후 변화와 연관 : 플라스틱 생산과 사용 과정에서 에너지를 소비하며 온실가스를 배출한다. 또한 플라스틱이 수명이 다해 쓰레기로 방치되면 온실가스와 오염물질이 배출되거나 탄소 순환을 방해하여 대기 중 이산화탄소 농도를 끊임없이 늘리게 된다. 현재 지속 가능한 대안 찾고 있다. 예를 들어 플라스틱 사용에 대한 책임, 환경 보호를 위해 플라스틱 사용을 줄이고, 재활용과 재사용을 적극적으로 시행하는 것이 필요하다.

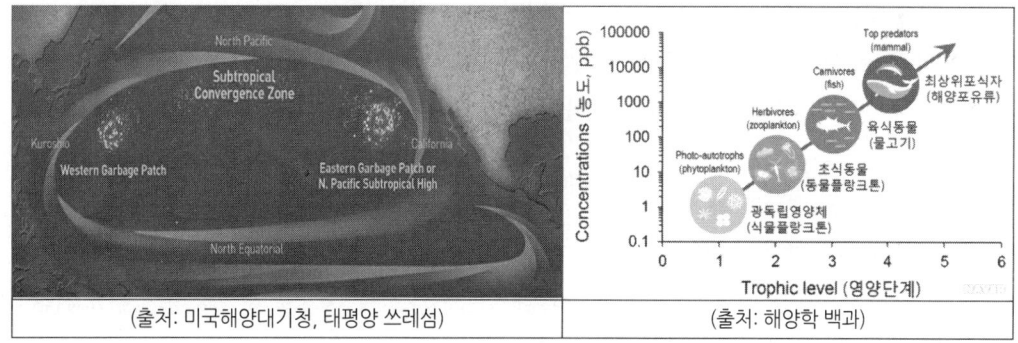

| (출처: 미국해양대기청, 태평양 쓰레섬) | (출처: 해양학 백과) |

(3) 플라스틱을 인류세 지표 물질로 지정했을 때의 단점과 장점

가. 장점

1) 플라스틱의 소비량이 많아 전세계 바다에 쓰레기가 버려져 그들이 퇴적되어 인류세의 흔적을 더 잘 남길 수 있다.

2) 바다속 생물들이 플라스틱이 음식인 줄 알고 먹다가 죽은 사례가 많다. 그리하여 플라스틱이 동물의 멸종에 주된 원인으로 이어질 수 있다. 그리고 먹이사슬로 인해 여러 생명에게 위험을 끼칠 수 있으므로 플라스틱은 인류세 시대의 생명들에게 많은 영향을 끼친다.

나. 단점 ; 인트린다지의 플라스틱 글로머레이트를 분석한 브라질 파라나연방대 연구진에 따르면, 성분 대부분이 폴리프로필렌과 폴리에틸렌으로 만들어진 어망에서 비롯된 것으로 나타났다. 자갈이나 조약돌과 비슷한 모양으로 변형된 파이로플라스틱(pyroplastic)도 포함됐다. 연구진은 "폐플라스틱이 암석 형성으로 이어진 점은, 이전에는 자연적 현상으로 여겨졌던 현상에 인류가 영향을 끼치고 있다는 것"이라며 "바다에 버려진 플라스틱 등 오염물질이 지구의 지질학적 물질이 되고 있다"고 했다.   (조선경제과학 지질학계 "1950년대부터 人類世 시작"…근거로 지목된 화석 곽수근 기자)

▶ 4) 예상 질문 및 예시 답안 30개

I. 인류세 전반에 관한 질문

1. 인류세란 무엇인가요?

⇒ 인류세는 인간의 활동이 지구 환경과 지질학적 시스템에 지대한 영향을 미치기 시작한 시점을 새로운 지질시대로 정의하자는 개념입니다.

2. 왜 새로운 지질시대가 필요한가요?

⇒ 기존의 홀로세만으로는 인간이 지구에 미친 영향력을 과학적으로 설명하기 부족하며, 명확한 시대 구분을 통해 책임의식을 강화할 수 있기 때문입니다.

3. 인류세가 시작된 시점은 언제로 보나요?

⇒ 대부분의 과학자들은 핵 실험이 본격적으로 시작된 1950년대를 기준점으로 보고 있습니다.

4. 인류세가 기존 지질시대 분류와 충돌하지 않나요?

⇒ 일부 학자들은 홀로세와 중첩된다고 주장하지만, 새로운 물질과 인간의 영향력이 독립적 기준을 충족한다고 보는 시각이 강해지고 있습니다.

5. 인류세 도입은 학계에서 공식적으로 인정되었나요?
   ⇒ 아직 국제 지질과학계(ICS)에서 공식적으로 채택되지 않았지만 활발히 논의 중입니다.

6. 기존의 다섯 번의 대멸종과 인류세는 어떻게 연결되나요?
   ⇒ 현재 과학자들은 인간 활동으로 인한 '여섯 번째 대멸종'이 진행 중이라고 분석하고 있으며, 인류세가 이를 대표할 수 있습니다.

7. 지질시대 구분 기준은 무엇인가요?
   ⇒ 주로 생물의 번성과 멸종, 지질학적 변화, 대기 성분의 변화, 퇴적층의 특성 등이 주요 기준입니다.

8. 왜 인류세를 지질학적으로 규명하려 하나요?
   ⇒ 과학적으로 명확한 시대 구분을 통해 인간 활동의 흔적을 객관적으로 기록하고, 향후 지질연구에 통일된 기준을 제공하기 위함입니다.

9. 인류세는 단지 환경 용어가 아닌가요?
   ⇒ 환경뿐 아니라 지질학, 기후과학, 생태학, 사회학 등 다학제적 개념으로 확장되고 있습니다.

10. 인류세 도입이 왜 사회적으로 중요한가요?
    ⇒ 인류의 지구 파괴 행위에 대한 반성과 책임, 지속 가능한 미래를 위한 인식 변화가 중요하기 때문입니다.

II. 플루토늄 관련 질문

1. 왜 플루토늄이 지표 물질 후보인가요?
   ⇒ 플루토늄은 인공 원소로 자연에 존재하지 않으며, 핵 실험으로 인해 1950년대부터 퇴적물에 흔적을 남겨왔기 때문입니다.

2. 플루토늄이 환경에 어떤 영향을 주나요?
   ⇒ 방사성 물질로 오랜 시간 생태계에 영향을 미치며, 핵무기 실험의 흔적을 고스란히 보존합니다.

3. 플루토늄의 반감기가 긴 것이 왜 중요한가요?
   ⇒ 수천 년 동안 사라지지 않아 지질학적으로 장기적인 지표로 활용될 수 있습니다.

4. 플루토늄은 어디에서 측정되었나요?
   ⇒ 대표적으로 크로포드 호수(Crawford Lake) 퇴적층에서 확인되었습니다.

5. 플루토늄은 미래 세대에게 어떤 의미를 갖나요?
   ⇒ 인간 활동의 위험성과 책임을 상기시켜주는 '지구의 상처'로서 의미가 있습니다.

6. 지구상에서 플루토늄은 균일하게 발견되나요?
   ⇒ 핵 실험이 전 지구적 규모로 퍼졌기 때문에 대부분의 대륙권 퇴적층에서 흔적을 찾을 수 있습니다.

III. 플라스틱 관련 질문

1. 왜 플라스틱이 지표 물질로 적합한가요?
   ⇒ 전 세계 어디서나 발견되고, 자연 분해가 거의 안 되며, 화석화 가능성도 높기 때문입니다.

2. 플라스틱은 언제부터 본격적으로 사용됐나요?
   ⇒ 1950년대부터 산업적으로 대량 생산·소비되기 시작했습니다.

3. 플라스틱이 생태계에 미치는 영향은 무엇인가요?

⇒ 해양생물의 질식, 먹이사슬 오염, 생물 다양성 감소 등 심각한 피해를 초래합니다.

4. 플라스틱이 지질층에 어떻게 남게 되나요?

⇒ 해양 밑바닥이나 퇴적지에 쌓여 점차 퇴적층으로 고정됩니다. 플라스틱 화석화 가능성이 있습니다.

5. 플라스틱 글로머레이트란 무엇인가요?

⇒ 플라스틱과 모래, 자갈 등이 결합해 암석처럼 변형된 새로운 형태의 인공 암석입니다.

6. 플라스틱과 기후 변화는 어떤 관계가 있나요?

⇒ 생산과 폐기 과정에서 온실가스가 배출되어 기후 변화에 영향을 줍니다.

7. 플라스틱의 장점이 지표 물질로서 도움이 되나요?

⇒ 생산량이 많고, 다양한 형태로 변형되기 쉬워 추적과 분석에 용이합니다.

IV. 인류세 반대 입장에 대한 반론

1. 인류세 반대하는 지질학자들의 주장은 무엇인가요?

⇒ 퇴적층 두께가 얇고, 전 세계적으로 균일한 증거가 부족하다는 점을 문제 삼습니다.

2. 왜 인류세 시작점을 명확히 정하기 어렵다는 주장이 있나요?

⇒ 인간 활동이 점진적으로 늘어나 시작 시점을 단정하기 어렵기 때문입니다.

3. 인류세가 과학적이지 않다는 비판에 어떻게 대응할 수 있나요?

⇒ 플루토늄, 플라스틱, 콘크리트, CO_2 농도 등 명확한 인류 활동의 지표들이 과학적으로 입증되고 있습니다.

4. 홀로세 안에서 해결하면 안 되나요?

⇒ 홀로세는 자연 기반 시대였고, 인류세는 인위적 지질 변화의 시대이므로 구분 필요성이 존재합니다.

V. 기타 예상 질문

1. 인류세 도입이 우리 사회에 어떤 변화를 줄 수 있나요?

⇒ 지속 가능한 정책, 에너지 전환, 환경 교육 강화 등 구조적 대응을 촉진할 수 있습니다.

2. 향후 인류세의 지표 물질로 또 어떤 것이 논의될 수 있나요?

⇒ 콘크리트, 질소비료, 항생제 내성균, 대기 중 CO_2 농도 등이 후보로 논의되고 있습니다.

3. 인류세를 도입하면 교육에 어떤 변화가 필요할까요?

⇒ 과학과 윤리, 지속가능성에 대한 통합 교육이 필요하며, 환경문제를 단지 선택 과목이 아닌 필수적 교양으로 인식해야 합니다.

Part 7. 토론 개요서 예시를 통한 발표 및 질의응답 훈련

1. 토론논제 : 인류세

가. 토론 개요서

1. 주장 : 주장 19세기 중반 산업혁명 이후 이산화탄소는 급격한 성장세를 보이기 시작했기에 인류세 지표 물질로 이산화탄소를 제안하며 이것은 이 지구에 영원히 남을 흔적으로 예상 되어지므로 인류세를 도입해야 한다고 생각한다.

2. 논제1)에 대한 정리 : 인류세 지정에 대한 다양한 관점

가. 인류세란 : 인류가 지구 기후와 생태계를 변화시켜 만들어진 새로운 지질시대. 인간의 활동으로 지구가 짧은 시간 동안 급격하게 변했기 때문에, 현 지질 시대를 홀로세와 별개의 세로 설정한다는 개념

나. 인류의 지구 환경 변화 영향에서 찬성입장: 1995년 노벨 화학상을 받은 네덜란드의 대기화학자 폴 크뤼첸에 의해 2000년에 본격적으로 촉발된 것, 인류가 지구 환경에 미치는 심각한 영향을 고려해서 지구의 현재 상태를 '홀로세'가 아니라 '인류세'라고 불러야 한다는 것, 인류세를 인류의 지속적인 생존을 위협하는 맬서스식 종말론으로 여길 수는 없다. 우리의 생존을 위한 절박한 노력을 탐욕과 사치로 폄하 할 수는 없다. 거칠고 위험한 야생(野生)에서 우리의 안전과 생존을 지켜줄 기술을 포기할 수도 없는 일이다.

다. 지질학적 사건 기반해서 반대입장 : 지질학의 입장에서는 고작 200여년 전에 일어난 산업혁명 이후에 진행되고 있는 지질학적 사건을 엄밀하게 관찰·분석·확인해야만 한다. 그런데 대기와 물에서도 확인하기 어려운 변화가 땅에서는 훨씬 더 어려워진다. 더욱이 인공적인 매립지나 제한된 오염지역은 대부분 지질학에서 분석하는 지질시대의 일반적인 특성을 반영하는 대상이 아니다.

라. 종말론으로 변질되는 인류세 : 21세 인류는 16억명이었던 인구는 80억명을 넘어섰고, 평균 수명도 31세에서 73.3세로 늘어났다. 인류의 총생산은 34배가 증가했고, 개인의 에너지 소비도 8배가 늘어났다. 100억 명이 먹을 수 있는 식량을 생산하는 능력도 갖췄다. 전 세계 전력의 1.8%가 요소 비료 생산에 소비된다. 새로운 사회·경제적 차별과 갈등이 심각해지고, 자연·생태·생활 환경이 악화되고 있다.

마. 인류세의 시기에 대한 반대입장 : 소위원회에선 인류세 도입 논의가 성급하다는 지적, 핵실험이 활발히 이루어지던 1950년대가 아닌 18세기 후반 산업혁명 시작 시기를 인류세의 시작으로 봐야 한다는 것.

1950년대 이후 핵실험으로 전 지구에 흔적을 남긴 '플루토늄'을 주요 마커(표지)로 정했다. 이에 따른 도입안이 최종 비준되면 인류는 홀로세를 끝내고 '신생대 제4기 인류세 크로퍼드절'에 살게 될 전망이었다. 하지만 이변이 있었던 것으로 전해졌다.

바. 인류세를 홀로세와 다른 새로운 시대(epoch)로 보는 견해와 홀로세 시대에 일어난 사건(event)으로 보는 견해도 있다.

3. 논제2)에 대한 정리 : 인류세 지표 물질로 플루토늄을 제한한 과학적인 근거

가. 플루토늄이란 : 악티늄 계열의 방사성 원소, 은회색 금속으로 공기 중에서 산화되면 변색되어 칙칙한 색의 막을 형성, 6개의 동소체가 존재하며, 4가지의 산화 상태를 가질 수 있음. 탄소, 할로젠 원소, 질소, 규소, 수소 등과 반응하며, 습한 공기에 노출되면 부피가 70 %까지 더 증가된 산화물과 수화물을 형성하고, 이들이 가루로 벗겨지면 자연 발화함. 1940년에 최초로 입자가속기(cyclotron)에서 우라늄-238에 중양자(deuteron, 중수소 원자의 핵)를 충돌시켜 얻음. 먼저 생성된 넵투늄-237(반감기 2.1일)은 베타-붕괴를 거쳐 플루토늄(반감기 87.7년)이 형성됨.

나. 방사능 물질의 흔적 : 원자폭탄 사용(1945년)과 핵실험으로 인해 1950년대 초반 높은 농도로 발견됐던 '플루토늄', 방사능 물질도 있다. 1945년 일본에 투하된 원자폭탄이나 여러 차례에 걸친 핵 실험, 구소련의 체르노빌과 일본 후쿠시마 원전사고로 지구촌 곳곳에 죽음의 물질이 퍼져 있다. 수십만 년 사라지지 않을 인류의 '오염 흔적' 임.

다. 인류세 지표 물질로서의 주장되는 이유 : 방사능 물질이 반감기를 거쳐서 그 존재하는 양이 줄어들더라도, 지속적으로 남아서 인류가 살아가는 동안에 계속 남아 있게 되므로 인류세의 지표가 될 수 있다는 것. 또한 앞으로 원자력발전을 활용한 전기사용이 지속될 수 밖에 없다면 이로 인해서 발생한 폐기물 속 방사능 양으로 지표로 활용 가능

4. 논제3)에 대한 정리 : 이산화탄소를 인류세 지표 물질로 제안

가. 인류세와 지표물질 후보군에 대한 다양한 의견

1) 합성물질인 플라스틱 : 1950년대부터 널리 사용된 플라스틱도 인간세 지표 물질이 될 수 있다. 특히 바다에 버려진 쓰레기와 오염물, 부적절하게 처리된 플라스틱이 더 많이 지구의 지질 기록에 남는 지질학적 물질이 되어 가고 있음. 최근 브라질의 화산섬 트린다지에서 플라스틱이 녹아 다른 자연물들과 결합한 '플라스틱 암석'이 발견

2) 닭뼈 : 영국 레이터대 지질학과의 캐리스 베넷 교수, 지금은 '치킨의 시대'이며, '닭뼈'가 지표 화석이 될 것이라는 색다른 주장, 인간은 1년에 600억여 마리의 닭을 소비하고 먹고 버려진 닭의 뼈는 잘 썩지 않아 화석처럼 남아있을 확률이 높음. 닭의 크기와 모습이 빠르게 변화한 것도 이런 주장을 뒷받침.

3) '크로퍼드 호수' : AWG는 인류세 시작점을 핵무기 실험이 시작된 1950년께로 잡기로 정했고 인류세 표본지 후보 12곳을 정해 투표한 결과 크로퍼드 호수가 선정됐다. 2.4헥타르(약 7260평)로 크진 않지만 깊이가 24m에 달한다. AWG는 이 호수 퇴적물에 플루토늄과 같은 핵폭탄 실험 흔적이 발견, 이것이 인류세의 시작 시점을 보여주는 것.

4) 알루미늄 : 잘라시비치 교수는 "자연에서 순수 알루미늄 금속은 극히 소량만 있고 거의 모든 알루미늄은 산화물 등 형태로 존재한다"며 "인류는 지난 100간 엄청난 양의 알루미늄 금속을 생산, 주

전자부터 항공기까지 많은 제품을 만들었다"고 말했다. 이어 "수명을 다한 알루미늄은 일부 재활용되기도 하지만 대부분 버려졌다"며 "먼 미래 지구에 올 외계인에게 이런 알루미늄은 이 시기 지구에 어떤 특별한 일이 일어났음을 보여주는 신호가 될 것"

나. 인류세 지표 물질에 대한 제안 및 이유

1) 인류세 지표 물질 : 대기 중 이산화탄소 농도

2) 제안 이유 : 화석 연료의 연소는 약 213억톤(21.3기가톤)의 이산화탄소를 매년 배출하지만, 자연이 흡수하는 것은 그 절반에도 미치지 못하며, 매년 대기의 이산화탄소가 상당량 증가(대기의 탄소 1톤은 3.7톤의 이산화탄소와 같음), 네덜란드의 대기화학자 파울 요제프 크뤼천이 창시한 용어 '인류세(人類世)'는 인류 영향으로 변화하는 지구환경과 지질시대 개념을 새롭게 정의한 것, 지구에 메탄이나 이산화탄소 농도가 급증하고 플라스틱 등 인공물이 증가하면서 생물 다양성을 상실하고 있기에, 주목받고 있는 개념. 노벨화학상 수상자인 파울 크뤼천이 지구시스템 변화를 연구하다가 대기 중 이산화탄소 농도나 토양 속 질소 함량이 홀로세 관측 범위를 벗어나고 있음을 확인, 그래서 인간 활동으로 인해서 생긴 변화가 드러나는 물질을 제안해야 함.

3) 지표 물질과 인류 활동의 연관성 : 각종 광물을 채굴하고, 화석연료를 태워 온실가스를 내뿜으며, 핵무기 등으로 방사성 물질을 방출, 2차 세계대전 이후 지구 지질과 환경에 근본적인 변화.

4) 지표물질의 인간 활동 전후에 일어나는 지구적 차원의 변화 모습 : 기후변화의 주범은 대기 중 이산화탄소의 증가, 1950~1960년대 이산화탄소 증가로 인한 지구온난화 예측, 1980년 초부터 급격한 기온상승으로 지구 온난화 주장 확산.

5) 지표 물질로서 갖는 장점과 단점(한계)

가) 장점 : 이산화탄소가 증가하면서 지구온난화를 가속화 하고 있음. 역으로 대기중 이산화탄소를 감소시키는 방안을 이용하여서 지표 물질로서의 함량 수치를 높여서 인류세 구분을 더 확실하게 함.

나) 이산화탄소 격리 방법1 : 해양생태계는 대기로부터 매년 96.1 기가톤(giga ton)을 흡수하고 있음, 탄소격리존이 해양 전체면적의 0.5%이나 탄소흡수량은 해양 전체의 50~71%로 탄소 흡수 속도는 육상 밀림보다 최대 50배 빠름.

다) 단점(한계) : 대기 순환이 지구온난화로 불안정해지면 이산화탄소가 격리되는 양과 속도에 변수가 생기면 지표를 명확하게 예측하는 데 한계가 있다.

5. 결론

이미 지층은 다양한 역사를 품고 있다 또한 우리의 흔적인 플루토늄과 이산화탄소 지층도 남을 것이라 생각한다. 지금 이 시대가 지구 아니 인류의 마지막 시대가 될지도 모르지만 이 시대는 명백한 인류세가 돼 후세에 좋은 영향을 끼칠 것이라 생각한다.

나. 발표문 ; 인류세

지금 우리가 살고있는 시간선은 제 4기입니다. 신생대의 마지막 시대이죠. 그러나 최근 지구가 급격하게 바뀌기 시작했습니다 1995년 노벨 화학상을 받은 네덜란드의 대기화학자 폴 크리첸은 우리가 살고있는 이 시간선을 홀로세가 아닌 새 시대인 인류세로 적용해야한다고 주장하였습니다. 그 이유는 전례없는 기후변화 또한 지구 환경에 심각한 영향을 끼치고 있기 때문이였습니다. 그러나 반대측의 의견도 상당히 많습니다 예를 들어 "인류세"는 홀로세에서 일어나고 있는 하나의 사건이라 주장하기도 하고, 대기나 물에서도 확인하기 힘든 오염결과를 땅에서 확인하는 것은 어려워 인류세를 적용하면 안된다고 말하는 과학자들도 있습니다. 그러나 핵실험의 흔적, 대기 중 이산화 탄소 농도 등 다양한 곳에서 인간 실험의 결과들이 나오고 있습니다.

지표물질의 후보로는 탄소 구형 원자, 닭뼈, 알루미늄 등이 있지만 인류세 실무그룹에서는 인류세를 나타내는 지표물질로 플루토늄을 제시하였습니다. 플루토늄은 은회색 금속으로 4가지의 산화단계를 가지고 있습니다. 이 플루토늄은 1940년대에 인간의 대표적인 핵실험의 결과물로 알려져있습니다. 또한 이러한 플루토늄이 크로퍼드 호수, 후쿠시마 원전에서 핵의 흔적, 지층에 상당한 영향을 끼쳤기에 인류세의 지표물질로 제안되었습니다.

저는 이산화탄소가 가장 타당한 인류세 지표물질이라 생각합니다.

대표적인 지표물질의 후보중 하나인 이산화탄소는 매년 화석연료의 연소로만 213억톤입 배출됩니다. 그러나 자연이 흡수하는 양은 이 양의 절반도 되지 않고 이산화 탄소의 토양 속 흡수량이 늘어나고 있습니다. 이산화탄소가 늘어나며 지표물질로써 함량이 올라갈수록, 대표적인 지표물질로 자리잡을 것 같습니다.

그러나 이산화탄소의 단점도 있습니다 만약 대기 순환이 불안정해지면 격리되는 양과 속도가 달라짐에 따라 지표를 명확하게 표현하는데 한계가 있을거라고 예상됩니다.

아직 우리는 지구의 3%밖에 살지 못하였습니다. 그러나 우리가 우주를 탐사하고 다음 만년동안은 모든것이 달라지지 않을까요?

이렇게 과학토론의 발표를 마칩니다. 감사합니다.

다. 예상질문 : 인류세 예상 질문 및 답변

1. 플루토늄보다 이산화탄소가 더 나은 지표물질인 이유는 무엇인가요?

답변 : 플루토늄은 국지적인 핵실험 지역에 한정된 흔적이고, 이산화탄소는 전 지구적으로 대기, 해양, 토양에 축적되고 있어 훨씬 보편적이고 범지구적인 지표물질입니다.

2. 이산화탄소는 시간이 지나면 대기 중에서 사라지지 않나요?

답변 : 일부는 해양과 식생, 토양에 흡수되지만, 상당량은 수백 년 이상 대기 중에 남아 있습니다. 특히 산업화 이후 급증한 농도는 지층기록에 분명한 흔적을 남깁니다.

3. 이산화탄소는 다른 자연적 변화에도 증가할 수 있지 않나요?

답변 : 맞습니다. 하지만 산업혁명 이후 인간 활동에 의한 급격한 증가 속도는 과거 지질시대와 비교할 수 없을 만큼 빠르며, 이는 인류세를 나타내는 특징적인 변화입니다.

4. 플루토늄은 방사능이라는 독특한 특성이 있는데, 그보다 이산화탄소가 지표로서 더 적합한가요?

답변 : 플루토늄은 특이성이 있지만 국지적이고 짧은 시기에 집중되어 있습니다. 반면 이산화탄소는 산업화 이후 장기간, 지속적으로 축적되고 있어 시간적, 공간적으로 더 일관된 기록을 남깁니다.

5. 이산화탄소는 측정할 수 있는 기술이 있나요?

답변 : 아이스코어, 나무의 연륜, 해저 침전물, 탄산염 퇴적물 등을 통해 고대 대기 중 농도를 정밀하게 재구성할 수 있습니다.

6. 이산화탄소 외에 다른 온실가스는 왜 지표물질로 적합하지 않나요?

답변 : 메탄이나 아산화질소도 영향력이 크지만, 이산화탄소처럼 산업화 이후 전 지구적으로 일정한 패턴으로 증가한 기록이 명확하지 않거나 측정이 어렵습니다.

7. 플루토늄은 뚜렷한 시간대(1945년 전후 핵실험)로 명확한데 이산화탄소는 어떤 시점을 기준으로 하나요?

답변 : 1950년을 기준으로 삼는 경우가 많으며, 이 시점 이후 화석연료 사용 증가로 이산화탄소 농도가 급격히 상승합니다. 이른바 '대가속기(Great Acceleration)'의 시작점이기도 합니다.

8. 자연 상태에서 이산화탄소는 어떤 형태로 보존되나요?

답변 : 탄산염 형태로 침전되거나, 유기물과 결합된 상태로 토양이나 해저에 축적되어 보존됩니다.

9. 미래에 이산화탄소 농도가 다시 줄어들면 지표물질로서의 의미가 퇴색하지 않나요?

답변 : 농도가 줄더라도 현재까지 축적된 양과 그로 인한 지구시스템의 변화는 이미 지질학적 기록으로 남기 때문에 지표물질로서의 역할은 유지됩니다.

10. 지층에서 이산화탄소 농도를 어떻게 확인하나요?

답변 : 빙핵, 토양 퇴적물, 동굴 석순의 동위원소 분석 등을 통해 과거 대기 조성을 재구성할 수 있습니다.

11. 지표물질로서 이산화탄소는 국제기준(GSSP)에 적합한가요?

답변 : GSSP 기준 중 '글로벌 분포', '명확한 변화 시점', '측정 가능성'을 모두 충족합니다. 현재 제안되고 있는 후보들 중에서도 과학적으로 신뢰도가 높습니다.

12. 이산화탄소 농도의 증가는 지구에 어떤 영향을 주었나요?

답변 : 기온 상승, 해수면 상승, 기상이변, 생물 다양성 감소 등 다양한 지구 시스템에 심각한 영향을 주었고 이는 인류세를 상징하는 지표가 됩니다.

13. 기후변화 말고도 이산화탄소의 지질학적 중요성이 있나요?

답변 : 이산화탄소 농도 변화는 생물군의 대멸종이나 빙하기-간빙기 전환 등 과거 지질학적 사건과도 연관이 있습니다.

14. 이산화탄소가 땅속에 보존된 예시가 있나요?

답변 : 토양 유기물, 이탄층, 석탄 퇴적물, 심해 침전물 등 다양한 형태로 장기간 보존된 사례가 있습니다.

15. 인류세를 적용하는 것이 왜 중요하다고 생각하나요?

답변 : 인류의 지구 영향력을 공식적으로 지질학에 반영함으로써 환경 위기에 대한 경각심을 높이고, 정책적 변화로 이어질 수 있기 때문입니다.

16. 인류세라는 명칭 자체에 과학적 논란이 많지 않나요?

답변 : 맞습니다. 일부 과학자들은 '정치적 개입' 또는 '상징적 개념'이라 주장하지만, 점점 더 많은 증거가 인류세를 과학적으로 정립하는 데 기여하고 있습니다.

17. 왜 현재는 아직 인류세로 공식 채택되지 않았나요?

답변 : 국제지질과학연맹(IUGS) 등에서 엄격한 기준을 바탕으로 논의 중이며, 과학적 합의와 사회적 수용 과정을 거치는 데 시간이 필요하기 때문입니다.

18. 인류세를 중학생이 공부해야 하는 이유는 무엇인가요?

답변 : 현재 우리가 겪고 있는 환경 문제, 기후변화, 지속가능성 등에 대한 이해를 깊이 있게 할 수 있으며, 미래를 준비하는 사고력과 책임감을 기를 수 있습니다.

19. 플루토늄과 이산화탄소 외에 주목할 만한 다른 지표물질은 없나요?

답변 : 알루미늄, 플라스틱, 닭뼈 등이 있지만 이들은 일부 지역에만 남거나 생물적 변형에 따라 보존성이 낮을 수 있어 이산화탄소만큼 적합하지는 않습니다.

20. 이산화탄소가 인류세 지표물질로 채택되기 위해 남은 과제는 무엇인가요?

답변 : 더 많은 지질기록의 수집과 분석, 국제적 공감대 형성, 다른 후보들과의 비교 연구가 필요하며, 이를 통해 최종 GSSP 지점을 확정하게 됩니다.

2. 논제 : 산불

가. 토론 개요서

1. 주장 : 최근 대형 산불이 기후 변화에 따른 강수량 불균형과 계절적, 지형적으로 발생하는 바람 등의 요인으로 점점 증가해 피해가 늘고 진화의 어려움이 생기므로 이를 막기 위해 인공강우와 대형소방헬기 등도 더 활용하고, 산불을 번지게 하는 바람을 막기 위한 기압차이 조절을 활용해서 급속한 진화를 도와야 한다.

2. 대형 산불이 봄철에 집중된 이유

가. 최근 대형 산불 피해 사례 규모

1) 강릉, 동해, 삼척, 영월 등 강원도 내 곳곳에서 발생한 산불이 7일 오전 현재 산림 4천480ha를 태웠다.
2) 여의도 면적(290ha·윤중로 제방 안쪽 면적)의 15배, 축구장 면적(0.714ha)의 6천274배에 이르는 산림이 나흘 만에 잿더미가 되었다.
3) 2020년 4월 경북 안동 1천944ha, 2019년 4월 강원 고성·강릉·인제 2천872ha, 2005년 4월 강원 양양 973ha, 2002년 충남 청양·예산 3천95ha 등 최근 들어 산불이 대형화되고 있다.

나. 기상적인 요인 : 기후변화

1) 산불에 영향을 미치는 조건: 온도, 토양 수분, 습도와 바람
2) 겨울 가뭄으로 인한 불쏘시개 역할 ; 3월 4일 당시 울진의 온도는 최저 영하 1도, 최고 영상 17도로 평년 수준이었습니다. 그럼에도 불구하고 이토록 큰 산불로 번진 배경에는 극단적인 겨울 가뭄이

있음. 기상청이 지난 7일 발표한 2021년 겨울철 기후 분석 결과에 따르면, 이번 겨울철의 전국 강수량은 13.3 mm로 평년 대비 14.7%에 불과함. 이는 1973년 기상 관측을 시작한 이래로 가장 적은 강수량. 우리나라는 2022년 심각하게 건조한 겨울을 맞이했음. 그린피스 리서치 유닛이 Windy.com의 자료를 토대로 조사한 결과, 현재 한국의 가뭄 지수는 D4(예외적인 가뭄) 과 D5(극심 가뭄) 상태로, 해당 산불 지역의 토양 습도는 약 35%로 확인되었음. 대부분의 식물종은 토양 습도가 0%일 경우 생존할 수 없고, 30% 미만의 습도에선 물 부족 (water stress)의 가시적 징후가 뚜렷하게 나타나며, 50% 미만에선 대부분 식물종의 토양 수분활용이 제한되기 시작됨. 그 결과, 푸르게 우거진 숲이 불쏘시개로 불릴 만큼 건조한 환경이 되었음.

3) **지구온난화를 더 부추기는 대형 산불** ; 지구의 연평균 기온은 지난 200여 년간 1.09℃ 올랐으며, 50℃ 이상 치솟는 폭염 일수도 1980년대 이후 두 배 가까이 늘었음. 그에 따라 지구 곳곳에서는 대형 산불이 발생하기 쉬운 환경이 만들어지고 있음.

그 결과, 유럽산불정보시스템에 따르면 2021년 스페인, 이탈리아, 그리스 등 남부유럽에 집중된 산불이 발생해 평년 수준의 8배에 해당하는 128,000ha가 불탔으며, 캐나다와 미국 서부에서도 산불이 더 자주 발생하고 점점 더 대형화 되고 있음. 대형 산불은 기후변화를 더 심각하게 만들고 있음. 광합성 작용으로 대기 중 이산화탄소를 흡수하던 산림이 불타 없어지는 과정에서 이산화탄소가 한꺼번에 다시 배출되기 때문.

다. 자연적인 요인

1) 나무의 수명에 따른 요인 : 노화된 나무의 수 증가
2) 나무의 수 증가 : 1973년 말 740만㎥와 비교하면 불과 47년 만에 14배 많아진 것. 나무의 수 증가. 간단히 말해 산에 나무가 많아졌기 때문, 녹색탄소연구소에 따르면 국내 임목 축적량은 2020년 말 10억㎥를 넘어섰음.
3) '양간지풍'(襄杆之風) 또는 '양강지풍'(襄江之風)으로 인한 봄철 산불 발생 ; 동해안 봄철 대형 산불의 원인 중 하나로 지목된 '양간지풍'(襄杆之風) 또는 '양강지풍'(襄江之風)을 타고 급속도로 확산하면서 피해를 키우고 있음. 양간지풍은 봄철 양양 고성(간성), 양강지풍은 양양과 강릉사이에서 국지적으로 강하게 부는 바람으로, 봄철에 대형산불의 원인 중 하나로 지목되고 있음.

'남고북저'(南高北低) 형태의 기압 배치에서 강한 서풍 기류가 발생하고, 이 기류가 태백산맥을 넘으며 고온 건조해지면서 속도도 빨라져 '소형 태풍급' 위력을 갖게 됨. 산불이 난 고성지역은 양간지풍의 길목임. 양간지풍은 고온 건조한 데다 속도가 빠름.

3. 산불 진화에 어려움을 겪는 과학적인 이유 분석1

가. 산불 진화를 위한 진입 장벽이 높음. 산불을 진화할 수 있는 소방차의 진입이 어렵고, 사람이 물을 퍼 올려서 진화하는 방식으로는 한계가 있으며 인명피해도 놓고, 시간적으로도 비효율적임.

나. 바람에 의해서 산불이 빠르게 확산이 되므로 진화를 위한 속도보다 산불이 퍼지는 속도가 더 빠름.

다. 연소를 돕는 탈 물질과 산소가 풍부함. 낙엽이나 나무로 땔감을 하던 과거와는 달리 석유를 활용한 연료 사용이 늘면서 산에 있는 탈물질이 쌓이고 있음.

라. 탈 물질을 제거하기 위해서 맞불을 붙일 수 있지만 선불과 맞불이 서로 겹치면서 더 큰 불이 일어날 수 있으므로 진화에 어려움이 발생함. 탈물질을 안전하게 제거할 수 있는 방법이 필요함.

4. 산불 예방이 어려운 인위적인 이유 분석

입산자에 의한 실화 요인. 산불이 발생한 직접적인 원인은 '사람'. 실제 산림청 자료는 산불이 인재(人災)라는 사실을 분명히 보여줌. 산림청에 따르면, 지난 2011년부터 2020년까지 10년간 산불 원인 중 가장 많은 비중을 차지하는 것은 '입산자 실화'이며, 실제 지난 10년간 연평균 산불 발생건수는 474건인데 이 중 입산자 실화가 159건으로 34%를 차지함. 피해면적으로 봐도 입산자 실화로 인한 연평균 피해면적은 450.49ha로 전체 피해면적(1119.48ha)의 40%를 차지함.

입산자 실화 다음으로 비중이 큰 산불 원인은 '기타'인데, 여기에는 방화, 군사훈련, 인화물질 관리소홀, 모터과열, 고압선 등 다양한 산불 원인이 포함돼있음. 그 밖의 산불원인도 논·밭두렁 및 쓰레기소각, 담뱃불, 불장난, 성묘객 실화 등 사람이 저지른 실수가 대부분임.

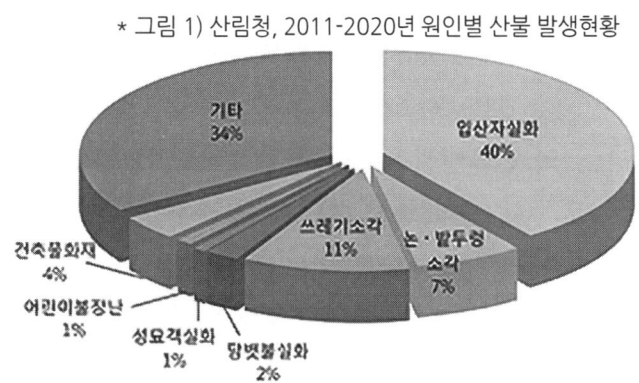

* 그림 1) 산림청, 2011-2020년 원인별 산불 발생현황

5. 창의적인 해결방안

가. 대형 소방헬기를 기존의 비행기를 대형 소방헬기로 변형하여 도입을 할 수 있는 기술개발 필요

대형 소방헬기 도입 추진을 위한 예산 집행이 필요하며 기술개발도 해야 한다.

3천ℓ의 대용량 물탱크가 장착된 대형 헬기는 많은 양의 물이 흩어지지 않고 집중 투하되므로 초기 화재 진화에 효과적이다. 대당 200억 원이 넘고 유지 관리에도 큰 비용이 들어 소방 지휘 통솔권을 가진 지자체가 선뜻 도입과 운영을 결정하기 힘든 구조 임. 이를 위해서 우리나라의 자체 기술적인 연구를 통해서 기존 비행기를 활용한 대형 소방헬기로 변형하여 재활용될 수 있도록 하는 방법을 찾으면 좋을 것임.

나. 인공강우 실용화를 통한 진화 방안

1) 산불 최대 위험 지역인 백두대간 일대가 인공 강우를 만들어 뿌리기에는 최적의 장소이다.
2) 중국의 경우에 인공강우를 활용한 산불진화 사례들이 많음. 이동형 로켓 발사 장치를 활용한 인공강우 생성 유도, 비행기에 인공강우 촉매 물질을 장착한 후에 발사 될 수 있도록 함. 고사포를 활용한 인공강우도 기술개발을 하고 있음.
3) 우리나라의 경우 인공강우를 생성할 수 있는 특수한 비행물체나 발사포를 제작하여 인공강우의 생성 가능성을 더 높여서 적절한 타이밍에 가뭄을 예방하면서 강우가 필요할 때 내릴 수 있도록 함.
4) 인공강우를 만들게 해도 시간이 걸리고 타이밍이 맞아야 하므로 이를 위한 인공강우 물질의 추적시스템을 만들어서 진행하면 더 효과적일 것임.

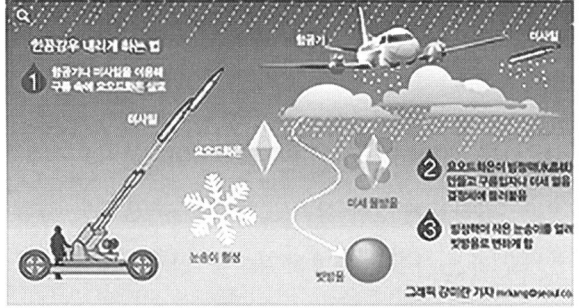

그림 2) 인공강우의 원리 그림 3) 인공강우내리게 하는 방법

다. AI 산불감시카메라 확대를 통한 신속 대응 관리

드론을 활용한 산불 감시 카메라를 확대하여서 산불이 잘 발생하는 계절에는 주기적인 감시를 통한 산불 징후를 감지하여서 산불을 예방을 하고, 또 산불 발생 시 신속한 대응을 할 수 있도록 정보 전달을 빠르게 함.

라. 산불 발생 예측을 위한 컴퓨터 모델링 분석 기법도입

덥고 건조한 날씨나 번개, 폭풍과 같은 이상 기상 조건 때문에 산불이 발생할 가능성이 있는 지역을 미리 예측하는 기술, 조기에 위험 지역을 파악하면 소방인력과 자원을 빠르게 현장에 투입할 수 있음. 캘리포니아 주정부에 따르면 모델링 기법을 도입한 뒤 발생한 산불의 95%가 4ha(헥타르)이상 번지지 않고 조기에 진화된 것으로 나타남.

마. 지리 정보 시스템 등의 공간정보기술을 활용

산불의 발생과 확산, 피해 위험이 높은 지역과 확산 경로를 예측해 소방인력이 진화선을 설명하고 대피경로, 주요시설을 보호 등 진화전략을 수립하는 데 활용. 클라우딩 시스템을 도입해 산불 데이터 외에 더 다양한 자료를 결합해 좀 더 정교한 예측이 가능하도록 성능 향상 진행.

바. 산불현장을 누빌 수 있는 드론 활용

적외선 열화상 카메라를 실은 드론이 산불이 번지는 속도와 규로를 즉각적으로 알려주고, 산불현상의 상황을 실시간으로 알려주면서 정보를 전달함. 또한 산불이 난 곳에 사람이 들어가지 못하는 곳에 드론이 접근하여서 화재 발생 지점이나 확산되는 원인 지점에 대한 자세한 정보를 파악할 수 있도록 도와줌.

바. 연소의 조건인 발화점온도, 산소 공급, 탈 물질 제거를 활용한 산불 진화 방안

1) 산소제거: 산소 흡입기를 활용한 나무의 발화를 막음, 주변의 공기를 흡입하는 공기 흡입기를 이용하여 산소기체의 양을 급격하게 감소시키게 함. 대형 공기 흡입기 활용함.

2) 탈 물질 제거: 불탈 수 있는 나무를 빠른 시일 내에 제거할 수 있도록 함. 인공지능 로봇을 이용해서 산불이 나고 있는 곳 주변의 나무를 경계면대로 잘라 없애게 해서 연쇄적인 산불이 일어나지 못하도록 함.

3) 발화점 온도 낮게 함: 급속 냉각 장치를 활용하여서 발화점의 온도까지 올라가지 못하도록 함. 액체 질소를 소화기 형태로 만들어서 분사하거나, 드라이아이스 덩어리들을 신속하게 발화지점 주변에 뿌림. 이를 통해서 급속 냉각도 하고, 이산화탄소 공급으로 인해 산소접촉을 줄여서 진화를 도움.

사. 바람의 방향을 변화시켜서 산불이 번지는 것을 막는 방안

불이 퍼지는 방향으로 바람이 불 때 이 바람이 불어가는 쪽에 하강기류를 활용한 공기의 유입으로 기압을 높여서 기압차이를 없게 만들어서 바람이 불어오지 못하도록 한다. 바람은 고기압에서 저기압으로 부는데 기압 차이를 줄여서 바람의 세기를 약하게 만들어서 산불이 바람에 의해서 번지지 못하게 막음.

나. 발표문: 산불

>>> 3분 발표문 (요약 및 발표용)

안녕하세요. 저는 봄철 대형 산불의 원인과 그에 대한 창의적 대응 방안을 주제로 발표하겠습니다.

최근 몇 년간 봄철에 집중적으로 발생하는 대형 산불은 단순한 자연재해가 아닙니다. 기후 변화에 따라 강수량이 줄고 겨울 가뭄이 심해지면서 산림은 마치 거대한 '불쏘시개'가 되어버렸습니다. 특히 강원도, 경북 지역 등에서는 1만 헥타르가 넘는 산림이 한 번에 불타는 일이 반복되고 있습니다. 이는 지형적 요인인 '양간지풍'과 같은 국지 바람, 노후된 나무의 증가와 같은 생태적 요인, 그리고 입산자 실화 같은 인위적 요인까지 복합적으로 작용한 결과입니다.

하지만 가장 큰 문제는 산불 진화가 너무 어렵다는 것입니다. 산속으로 진입이 어렵고, 불은 바람을 타고 빠르게 퍼지며, 탈 물질은 풍부하고, 맞불은 실패할 위험이 있습니다. 이제는 단순한 인력 중심의 진화 방식에서 벗어나야 합니다.

그래서 저는 다음과 같은 창의적 대응 방안을 제안합니다.

첫째, 기존 비행기를 개조한 대형 소방헬기를 개발해야 합니다. 외국산 고가 헬기 도입이 아닌, 국내 항공기를 활용한 기술 개발로 예산을 줄이면서 초기 진화력을 강화할 수 있습니다.

둘째, 인공강우 기술을 적극 활용해 극심한 가뭄 시 산불 확산을 사전에 막을 수 있습니다. 로켓, 고사포, 드론 등을 활용한 인공강우 촉진 시스템이 필요합니다.

셋째, AI 감시카메라와 드론, 컴퓨터 모델링을 통한 조기 대응입니다. 드론은 위험 지역에 실시간 진입해 산불 확산 경로를 감지하고, 컴퓨터 모델링은 위험지역 예측과 자원 배치를 효율화합니다.

마지막으로, 산불 확산의 3요소인 산소, 발화온도, 탈물질을 제거하는 물리적 방법도 병행해야 합니다. 대형 공기흡입기, 액체질소 냉각장치, 인공지능 나무 절단로봇을 투입해 발화 자체를 억제할 수 있습니다. 더 나아가 기압차 조절로 바람의 방향을 차단하는 실험적 접근도 검토해볼 수 있습니다.

산불은 막을 수 있습니다. 그러나 더 이상 기존 방식으로는 부족합니다. 과학과 기술, 창의성을 접목한 새로운 방식이 필요합니다. 감사합니다.

다. 예상질문 20개 자세한 답변 : 산불

산불 원인 관련 질문

1. 왜 봄철에 산불이 특히 더 자주 발생하나요?
⇒ 겨울 가뭄으로 인해 봄에는 토양 수분이 극단적으로 낮아지고, 건조한 상태에서 강한 국지 바람(양간지풍)이 불면서 작은 불씨도 대형 산불로 번지기 쉽습니다.

2. 기후 변화와 산불은 어떤 관계가 있나요?
⇒ 기후 변화로 폭염과 가뭄이 증가하면 숲이 건조해져 산불 위험이 급증합니다. 특히 이산화탄소 흡수원인 숲이 파괴되면 온실가스가 증가하고, 이는 다시 기후 변화를 악화시켜 악순환이 반복됩니다.

3. 양간지풍이 산불과 무슨 관계가 있나요?
⇒ 태백산맥을 넘으며 더워지고 건조해진 고속의 바람이 산불 확산을 급속히 가속화시킵니다. 일명 '소형 태풍'이라 불릴 정도의 위력입니다.

4. 산불이 증가한 이유가 나무가 많아진 것 때문인가요?
⇒ 맞습니다. 50년 전보다 국내 임목량은 14배 늘었습니다. 특히 노화된 나무가 많아 연료 역할을 하며 산불 확산을 쉽게 만듭니다.

진화 및 대응 전략 관련 질문

1. 왜 기존 진화 방식이 효과가 없나요?
⇒ 소방차의 접근이 어렵고, 바람 때문에 불이 너무 빨리 퍼지며, 맞불은 위험성이 크고, 진화 속도보다 확산 속도가 빠르기 때문입니다.

2. 인공강우는 실제로 가능한가요?
⇒ 중국에서는 이미 로켓과 비행기로 인공강우를 활용하고 있습니다. 우리나라도 백두대간 지역처럼 수분이 모일 수 있는 지역에서 실용화 가능합니다.

3. 인공강우의 한계는 무엇인가요?
⇒ 시간과 타이밍이 중요하며, 기상 조건이 맞지 않으면 효과가 떨어집니다. 이를 보완하기 위해 추적 시스템과 촉진 장치가 필요합니다.

4. 대형 소방헬기를 국내에서 만들 수 있나요?
⇒ 기존 대형 항공기를 개조해 물탱크를 장착하면 기술적으로 가능합니다. 예산과 기술 개발 의지만 있다면 도입 가능합니다.

5. 왜 외국산 헬기를 사지 않나요?
⇒ 1대당 200억 원 이상이며 유지비도 높아 현실적으로 지속 운용이 어렵습니다. 자체 기술로 재활용 가능한 헬기를 만드는 것이 경제적입니다.

기술적 제안 관련 질문

1. AI 산불 감지 시스템이 실제로 효과 있나요?
⇒ 캘리포니아 주에서 도입한 모델링 기반 AI 감지 시스템으로 산불 95%를 초기 진화에 성공했습니다. 드론과 카메라를 결합하면 효과가 높습니다.

2. 드론을 활용한 감시의 장점은 뭔가요?
⇒ 사람이 접근할 수 없는 곳까지 실시간으로 산불 현황을 촬영하고 전송할 수 있어 조기 대응이 가능합니다.

3. 산소 흡입기를 산불 진화에 사용하는 방식이 뭔가요?
⇒ 공기 중 산소 농도를 낮춰 연소를 차단하는 장치입니다. 대형 공기흡입기를 활용하면 발화 지점 주변의 산소 농도를 낮춰 확산을 막을 수 있습니다.

4. 냉각 장치로 불을 끌 수 있나요?
⇒ 액체질소나 드라이아이스는 발화 온도에 도달하지 못하게 급속 냉각시켜 발화를 막는 효과가 있습니다.

5. 기압차 조절로 바람을 막을 수 있다고 했는데, 가능한가요?
⇒ 실제로 바람은 고기압에서 저기압으로 불기 때문에, 국지적 기압차를 줄이면 바람을 완화시킬 수 있습니다. 공기유입 기술을 응용할 수 있습니다.

정책적/사회적 질문

1. 입산자 실화가 많다고 했는데 어떻게 줄일 수 있나요?
⇒ 계절별 입산 통제, 사전 교육, 감시 드론 투입 등으로 실화율을 낮출 수 있습니다. 기술과 제도를 결합한 대응이 중요합니다.

2. 이 기술들을 실제로 적용하려면 어떤 정책이 필요하나요?
⇒ 국방·환경·과학 기술 부처 간 협업이 필요하고, 관련 예산과 법제화, 지자체 도입 인센티브가 요구됩니다.

3. 산불을 아예 예방할 수 있는 방법은 없나요?
⇒ 100% 예방은 어렵지만, 조기 감지와 초기 진화만 잘해도 90% 이상 피해를 줄일 수 있습니다.

4. 외국의 산불 대응 사례 중 참고할 만한 게 있나요?
⇒ 미국, 캐나다, 중국은 인공강우, AI 감지 시스템, 헬기 조기 배치 등을 통해 대응 중이며 우리도 벤치마킹이 필요합니다.

5. 인공강우는 생태계에 영향이 없나요?
⇒ 지나친 사용은 생태계 교란 우려가 있으나, 긴급 상황에서 제한적·과학적으로 사용할 경우 큰 문제는 없습니다.

6. 이 제안들이 실제로 실현될 수 있을까요?
⇒ 기술은 대부분 존재하며, 의지와 예산, 정책 연계가 핵심입니다. 충분히 실현 가능한 과학적·현실적 대안입니다.

3. 논제 : ESG

가. 토론 개요서

I. 주장

플라스틱 문제는 현대 사회에서 가장 심각한 환경 문제 중 하나이다. 이를 해결하기 위해 국가 차원에서는 플라스틱 사용에 대한 강력한 규제와 함께 국민 인식 개선을 위한 문화 활동이 필요하며, 기업 간 협업을 통해 바이오 플라스틱 기술력을 확대하고 실질적인 플라스틱 사용 감축을 실현해야 한다.

II. 환경/사회적 문제 및 정책

① 과도한 플라스틱 사용으로 인한 환경오염이 심각하며, 가공된 83억 톤 중 단 9%만이 재활용되고 있다.

② 바이오 플라스틱이 개발되었지만, 가공부터 분해까지의 시스템이 완전하지 않다.

③ 환경문제에 대한 대중의 인식 수준이 낮고, 바이오 플라스틱에 대한 법률적 기반이 부족하다.

④ 실제로 사용된 바이오 플라스틱조차도 올바르게 분해되지 않고 소각 처리되는 경우가 많다.

⑤ 한국 정부는 2030년까지 플라스틱 재생원료 비중을 30%, 2050년까지 100% 바이오 플라스틱으로 대체하는 목표를 수립했으며, 이를 위한 다양한 정책을 추진 중이다.

III. 바이오 플라스틱 개요

1. 정의
   - 화석연료 대신 바이오매스(식물자원)를 원료로 제작된 플라스틱.
   - 생분해 가능성을 갖추어야 하며, 자연 분해가 가능해야 한다.
2. 주요 바이오 플라스틱 종류 (1) PBAT : 화석연료 기반이지만 미생물에 의해 6개월 내 분해 가능. 내구성과 강도가 뛰어나나 가격이 기존 플라스틱보다 3배 비쌈. (2) PLA: 옥수수 전분이나 사탕수수 기반. 가격이 저렴하나 내구성은 떨어지며, 비닐봉지 등에 주로 사용. (3) PHA: 미생물이 유기자원(카놀라유, 팜유 등)을 섭취한 후 생성. 해양과 토양에서도 빠르게 분해 가능하며, 다양한 형태의 플라스틱 제조가 가능. 가격은 PLA보다 3배가량 비쌈.

IV. 국가 차원의 정책 및 문화 활동 전략

1. 정책 제안

바이오 플라스틱의 수거 및 분해 방법에 대한 법률 제정 필요.

바이오 플라스틱을 일반쓰레기와 함께 소각하지 않도록 분리배출 체계 마련.

정부는 전문성을 보유한 기업들과 협력해 바이오 플라스틱의 공급과 분해 과정을 전담할 수 있도록 지원해야 함.

2. 문화 활동 전략

SNS 기반의 마케팅 캠페인을 통해 젊은 세대에게 플라스틱 사용의 부정적 이미지와 바이오 플라스틱의 긍정적 이미지를 전달.

코믹하면서도 교훈적인 콘텐츠를 활용하여 "바이오 플라스틱 사용 = 지구 보호"라는 메시지를 확산.

V.해결 방안

PLA 전용 분해 시설 설립 제안

국내에는 PLA를 분해할 수 있는 적절한 시설이 없음.

PLA는 58도, 습도 70% 조건에서 90일 내 90% 이상 분해됨.

전용 분해 시설을 설립하여 바이오 플라스틱의 순환 체계를 완성.

2.지역 단위 수거 시스템 제안

클라우드 펀딩을 통해 시민 참여를 유도.

아파트 단지 등 공동체 단위로 수거함 설치 및 운영.

주민 설명회를 통해 환경 오염과 바이오 플라스틱의 필요성을 알리고 자발적 투자 유도.

3.분해 시스템 제안(1) 수거된 PLA를 파쇄해 단면적 확대.(2) 파쇄된 PLA를 토양, 볏짚, 퇴비와 혼합.(3) 혼합물을 낮고 넓은 상자에 넣고, 온도계·습도계를 통해 열선과 스프링클러로 58도, 습도 70% 유지.(4) 주기적으로 산소를 공급하여 미생물 활동 활성화.(5) 분해 완료 후 퇴비로 활용.

4. 기업 홍보 전략

중년층을 타깃으로 한 마케팅 필요.

건강, 식품, 웰빙과 연결된 바이오 플라스틱 활용 농산물 소비 연계.

퇴비로 재활용된 흙으로 재배된 농산물을 투자자에게 할인된 가격 혹은 우선 구매 권한 제공.

친환경 소비를 통해 건강한 삶을 추구하는 이미지 강조.

이러한 국가적, 지역적, 과학적, 기업적 접근이 통합적으로 이루어진다면, 우리는 플라스틱 문제를 실질적으로 해결하고 지속가능한 미래로 나아갈 수 있을 것이다.

나. 발표문 : ESG

안녕하세요. 저는 오늘, 우리가 직면한 가장 시급한 환경 문제 중 하나인 플라스틱 오염과 그 해결 방안으로 주목받고 있는 바이오 플라스틱에 대해 말씀드리겠습니다.

현재 전 세계에서 생산된 플라스틱의 양은 약 83억 톤에 달하지만, 이 중 재활용되는 양은 고작 **9%**에 불과합니다. 나머지는 소각되거나 매립되어 토양과 바다를 오염시키고, 미세플라스틱이 되어 생태계에 악영향을 주고 있습니다. 이를 해결하기 위해 우리는 플라스틱 사용을 줄이고, 동시에 이를 대체할 수 있는 지속 가능한 소재를 찾아야 합니다.

그 대안으로 등장한 것이 바로 바이오 플라스틱입니다. 바이오 플라스틱은 화석연료가 아닌 식물 자원인 바이오매스로 만들어지며, 자연 분해가 가능하다는 큰 장점을 가지고 있습니다. 대표적으로는 PLA, PBAT, PHA세 가지가 있는데요, 이 중 PLA는 옥수수나 사탕수수에서 추출한 젖산으로 만들어지고, 가격도 저렴해서 가장 널리 쓰입니다. PBAT는 잘 썩는 성질을 가졌고, PHA는 심지어 해양에서도 분해가 가능해 '가장 친환경적인 바이오 플라스틱'으로 주목받고 있습니다.

하지만 문제는 이 바이오 플라스틱들이 분해되기 위해선 특정 조건과 처리 시스템이 필요하다는 점입니다. 예를 들어 PLA는 58도, 습도 70%의 조건에서 약 90일 이상있어야 분해되지만, 우리나라엔 이를 처리할 시설이 거의 없습니다. 그래서 저는 바이오 플라스틱 분해 시설 설립을 제안합니다. 특히 PLA를 파쇄해 토양, 볏짚, 퇴비와 섞고, 열선과 스프링클러가 달린 장치에서 온도와 습도를 조절해 효율적으로 분해되도록 하는 과학적 시스템이 필요합니다. 그리고 이를 아파트 단지 단위로 시범 설치해 주민들이 참여하고, 클라우드 펀딩으로 재원을 마련한다면 실현 가능성도 높다고 생각합니다.

또한, 이 과정에서 나온 비료화된 흙을 농가에 제공하고, 이 농가에서 생산된 친환경 농산물을 투자자에게 우선 공급하는 방식으로 중장년층을 대상으로 한 마케팅 전략도 세울 수 있습니다.

결국, 플라스틱 문제는 정부, 기업, 그리고 국민 모두의 노력이 통합적으로 이루어져야 해결할 수 있습니다. 바이오 플라스틱이 제대로 분해되고 순환될 수 있는 사회적, 과학적, 정책적 시스템이 마련된다면, 우리는 더 깨끗한 미래를 만들 수 있습니다.

감사합니다.

다. 발표 관련 예상 질문 20개 및 상세 답변 : ESG

1. 바이오 플라스틱이 정확히 뭔가요?

답변 : 바이오 플라스틱은 석유 기반이 아닌 식물성 자원, 즉 바이오매스(옥수수, 사탕수수, 음식물 쓰레기 등)를 원료로 만들어진 플라스틱을 말합니다. 일부는 자연에서 생분해되기도 하며, 탄소배출이 적고 지속가능한 대안으로 주목받고 있습니다.

2. 바이오 플라스틱이면 모두 썩는 건가요?

답변 : 아닙니다. 바이오 플라스틱은 크게 두 종류가 있어요:

- 바이오 기반이지만 생분해 안 되는것 (예: 바이오PE)
- 바이오 기반이면서 생분해 가능한것 (예: PLA, PHA 등)

생분해 조건이 충족돼야 썩고, 일반 환경에서는 썩지 않는 경우도 많습니다.

3. PLA는 쉽게 분해된다면서 왜 일반 쓰레기로 처리되면 안 되나요?

답변 : PLA는 58도 이상의 온도와 70% 습도를 유지해야 90일 이내에 분해되는데, 일반 쓰레기로 소각되거나 매립되면 그 조건이 안 되므로 그냥 일반 플라스틱처럼 남게 됩니다.

4. 기존 플라스틱보다 바이오 플라스틱이 왜 덜 사용되나요?

답변 : 가장 큰 이유는 비용과 내구성 부족, 그리고 처리 인프라 부재입니다. 예를 들어 PHA는 1kg당 약 4.5달러로 일반 플라스틱보다 3~4배 비쌉니다. 또, 분해 시스템이 구축되지 않으면 효과가 제한적이기 때문에 사용이 제한적입니다.

5. PLA 분해시설이 왜 꼭 필요하죠?

답변 : PLA는 일반 환경에서 거의 분해되지 않기 때문에, 전용 퇴비화 시설이 필요합니다. 그렇지 않으면 오히려 일반 플라스틱처럼 처리되어 의미가 사라집니다.

6. PLA 분해시설은 어떻게 작동하나요?

답변 : PLA를 잘게 파쇄한 뒤, 토양, 볏짚, 퇴비와 섞고, 열선과 스프링클러가 달린 장치에서 58도, 70% 습도를 유지하며 90일 이상 발효·분해시키는 방식입니다. 산소도 공급하여 미생물 활동을 활성화합니다.

7. 국내에 PLA 분해시설은 없나요?

답변 : 아직 국내에는 산업화된 규모의 PLA 분해시설은 부족합니다. 일부 소규모 실험적 시설은 있지만, 일반 소비자를 위한 수거·처리 시스템은 거의 없습니다.

8. 국가가 바이오 플라스틱을 적극 지원해야 하는 이유는?

답변 : 플라스틱 오염은 기후변화, 생태계 파괴, 건강 위협으로 이어집니다. 국가가 바이오 플라스틱의 생산과 처리, 사용 문화를 적극 지원해야 지속 가능한 사회로 전환이 가능합니다.

9. 플라스틱 오염이 얼마나 심각한가요?

답변 : 지금까지 약 83억 톤의 플라스틱이 생산됐고, 이 중 9%만 재활용됐습니다. 나머지는 바다, 토양에 남아 미세플라스틱이 되고, 결국 인간과 생물에게 축적되고 있습니다.

10. 왜 아파트 단지 중심으로 수거 시스템을 제안했나요?

답변 : 개별 가정마다 수거함을 설치하면 비효율적이고 관리가 어렵습니다. 아파트 단지처럼 집단 거주지를 중심으로 진행하면 홍보, 참여율, 수거 효율성이 높기 때문입니다.

11. 중년층을 타깃으로 한 마케팅 전략 이유는 무엇인가요?

답변 : 실제 투자 결정에 영향력이 큰 가정의 주체, 특히 중년층은 건강과 환경 문제에 관심이 많아 아이들을 중심으로 신뢰를 얻고 참여를 유도할 수 있기 때문입니다.

12. 수거된 바이오 플라스틱으로 만든 퇴비는 안전한가요?

답변 : 네. PLA 등은 분해되면 이산화탄소와 물, 무기물로 바뀌므로 안전합니다. 그러나 불완전하게 처리된 바이오 플라스틱은 오히려 환경에 해로울 수 있으므로, 정식 분해시설이 필수입니다.

13. 클라우드 펀딩 방식으로 자금을 모으는 이유는?

답변 : 정부 예산만으로는 한계가 있으므로, 시민이 직접 참여하고 소속감을 느끼게 하는 방식이 필요합니다. 또, 펀딩 성공 여부로 프로젝트의 공감도도 파악할 수 있습니다.

14. 이 시스템이 경제적으로 지속 가능한가요?

답변 : 초기에는 투자와 비용이 들지만, 장기적으로는 분해된 퇴비를 활용한 농산물 판매, 탄소배출권, 환경규제 회피등의 장점이 있어 경제적 지속가능성도 있습니다.

15. 현재 기업들은 바이오 플라스틱을 얼마나 사용하고 있나요?

답변 : CJ제일제당은 PHA를 연간 5,000톤 생산하고 있고, 글로벌 기업인 펩시, 네슬레, 시세이도등도 바이오 플라스틱 기업과 협업을 하고 있습니다. 확산 단계에 있습니다.

16. 기존 플라스틱을 완전히 대체할 수 있을까요?

답변 : 단기적으로는 어렵지만, 용도별로 점진적 대체는 가능합니다. 특히 1회용품, 포장재등은 바이오 플라스틱으로 전환이 빠르게 이뤄질 수 있습니다.

17. 바이오 플라스틱은 식량자원과의 경쟁 문제가 있지 않나요?

답변 : 일부는 그렇지만, 최근에는 음식물 쓰레기, 농업 부산물을 활용한 기술이 개발되고 있어 식량자원과의 경쟁 문제는 줄어드는 추세입니다.

18. 정부가 해야 할 가장 시급한 정책은 무엇인가요?

답변 : 바이오 플라스틱 처리에 대한 법적 기준 마련, 그리고 전용 분해 시설 구축 지원이 가장 시급합니다. 사용만 장려하고 처리가 안 되면 오히려 환경에 더 나쁠 수 있습니다.

19. 이 발표에서 말한 시스템을 실제로 구현할 수 있을까요?

답변 : 일부는 이미 시범적으로 가능하고, 기술적 기반도 마련되어 있습니다. 다만, 정책적 지원, 시민 참여, 인식 개선이 동시에 이뤄져야만 성공적으로 실현 가능합니다.

20. 개인이 실천할 수 있는 바이오 플라스틱 대응 방법은?

답변 : 바이오 플라스틱 제품을 선택적으로 구매하고, 분리배출 정보를 정확히 숙지하며, 정책 참여와 제안, 펀딩 참여등으로 적극적인 시민이 되는 것이 개인이 할 수 있는 중요한 실천입니다.

4. 논제 : 화성 이주

인류가 이제 지구에서의 수많은 문제점들로 인해 화성에 이주해서 정착하고자 준비하고 있다. 이를 가능하게 하는 여러 가지 과학적인 근거와 앞으로 화성이주가 실현되기 위해 필요한 창의적이면서 과학적인 해결 방안을 에 대해서 제시하시오.

가. 토론 개요서

I. 주장

화성의 대기와 기온 및 우주 환경이 생명체가 살기에 적합한 상태가 될 수 있도록 해야 화성이주가 실현 될 수 있으므로 이를 위해서 테라포밍 기술의 보완, 우주선과 로봇 융합체, 이동식 핵융합&핵분열 발전소 개발로 해결해야 한다.

II. 화성 이주가 가능한 이유

화성이 생물체가 살기 적정한 환경을 갖추었기 때문이다. 생물체가 생존할 때는 물이 가장 중요하다. 화성에는 40억년 전까지만 해도 지구와 마찬가지로 호수, 강, 바다를 형성했을 만큼 물이 풍부했을 것으로 과학자들은 추정하고 있다. 1997년에는 탐사 로버 '소저너'는 탐사를 통해 과거 화성에 물이 존재했다는 사실을 밝혀냈고, 2016년 나사에서는 화성에서 물을 발견했다고 발표했다. (https://wisdomagora.com/)

III. 화성 이주의 한계

1. 화성의 온도 ; 화성의 연평균 온도는 약 -53도이다. 지구의 평균 온도가 약 15도 이고, 수성과 목성의 평균 온도는 각각 170도, -152도인데 화성의 온도는 이와 비교했을 때 생명체가 살기에 가장 적합한 온도를 갖고 있다. 하지만 화성표면의 최저온도는 영하 140도이고 최저온도가 영상 20도인 것을 생각하면화성은 생명체가 살기에 척박한 환경이 될 수 있다.
https://astro.kasi.re.kr/community/post/qna/13377

2. **지구와의 중력 차이** ; 화성의 중력은 지구의 약 40% 정도라서 사람의 근육이나 뼈에 좋지 않은 영향을 미칠 것이다. 그리고 중력이 약하므로 대기 또한 희박할 것이다.

3. **지구와 화성의 공전주기 차이** ; 지구의 1년은 365일이지만, 화성은 687일이다. 이 때문에 지구와 화성의 거리가 가까울 땐 5천 5백만Km까지 짧지만, 멀어질 땐 4억Km까지 벌어진다는 것이 문제이다. 거리가 멀어질수록 우주선을 타고 먼 거리를 이동해야 하는데 현재 기술력으로는 지구에서 화성까지 가는데 평균 80~150일이 걸린다고 한다.

4. **화성에 이주했을 때 사람의 신체변화** ; 지구를 떠나 우주상공에 떠오르게 되는 순간부터 낮과 밤의 구분이 사라지고 중력 또한 사라진다. 화성에 도착할 때까지 몇 달동안 우주선 안에서 무중력생활을 이겨내야하는 것이다. 무중력상태에서는 천장과 바닥을 구분할 수 없어 방향감각에 문제가 생기게 되며, 뇌는 극도의 혼란을 겪게될 것이다.

5. **화성의 대기** ; (화성의 대기는 아주 희박하다. 지표부근의 대기압은 약 0.006기압으로 지구의 약 0.75%에 불과하다. 이렇게 희박한 대기는 중력이 작기 때문이다.) 화성대기의 구성은 이산화탄소가 약 95%, 질소가 약 3%, 아르곤이 약 1.6%이고, 다른 미량의 산소와 수증기 등을 포함한다. 이는 금성과 매우 비슷한 대기의 구성이다. 하지만 금성에 비해 대기가 매우 희박하여 금성과 같이 높은 온도를 가질 수 없다. https://m.blog.naver.com/oktoki07/222055758665

IV. 화성 이주의 조건과 그 해결책

1. <u>화성의 생활공간</u> ; 화성으로 건축 자재를 옮기는 일은 쉽지 않다. 때문에 우리는 화성에서의 자재들을 사용해야 한다. 이를 만족하는 것은 '마샤'이다. '마샤'는 화성에서 흔히 볼 수 있는 현무암과 옥수수로 만든 플라스틱 중합체를 섞어 만들었다. 이는 재사용이 가능하며 강도가 콘크리트의 2~3배 강하고 내구성은 5배에 달한다. 무엇보다 인공지능을 이용하면 화성에서 옥수수를 기를 수 있을 것으로 예상 되어 지구에서부터 모든 재료를 보낼 필요가 없다.(코스모스, 화성의 새로운 건축가들)

2. <u>화성의 식량</u> ; 화성에서는 농작물들은 탱크 농사나 양식과 같은 흙 없이 길러질 필요가 있을 것이다. 이곳은 영양분이 풍부한 물에 식량을 심고 인공 조명을 공급하는 곳이다.

3. <u>화성의 대기</u> ; 화성에서의 산소는 공기의 0.13%를 구성한다. 대부분은 인간에게 해로운 이산화탄소이다. NASA는 화성에서 CO_2를 산소로 변환하는 기구인 MOXIE로 실험을 해왔다. 이 기구는 성공적으로 이산화탄소로부터 산소를 만들어냈습니다. 이것은 더 큰 실험과 화성의 공기의 변화를 가능하게 하는 길을 열어준다. (engineering for kids, [번역])

V. 테라포밍

1. 테라포밍(terraforming)의 정의
테라포밍은 화성처럼 인간이 살 수 없는 곳을 아예 지구와 판박이처럼 통째로 환경을 바꿔놓는 대단위 개발 사업이다.

2. 테라포밍의 단계 (주간경향, 인간이 살 수 있게 화성을 개조한다?)

미항공우주국 과학자들이 예상한 화성의 테라포밍 5단계

단계별 소요 기간	단계별 진행상황
1단계(2015~2030)	첫 번째 탐험대 도착, 농경 가능성 실험
2단계(2030~2080)	화성의 온난화 시도 - 영하 40도까지 상승 - 화성 궤도의 태양거울이 극지방 얼음 데우기 시작 - 지구 온난화의 주범인 프레온 가스 유포
3단계(2080~2115)	유전공학적으로 생명력 강한 식물 이식 - 식물이 이산화탄소를 탄소와 산소로 분해 - 구름 생기고 하늘이 핑크에서 푸른빛으로 - 온도 영하 15도까지 상승
4단계(2115~2130)	극지방 얼음 녹아 작은 바다 형성 - 바다에 플랑크톤 서식, 이산화탄소 흡수해서 산소 배출 - 한낮 기온 0도까지 상승
5단계(2130~2170)	지구와 거의 유사한 생태환경 - 온도 영상 10도 - 산소 호흡 가능

*자료원: NASA 크리스토퍼 매케이 박사가 미국 과학잡지 [Nature]에 실은 기사를 필자가 표로 재구성

3. 테라포밍의 과정 (나무위키, 테라포밍)

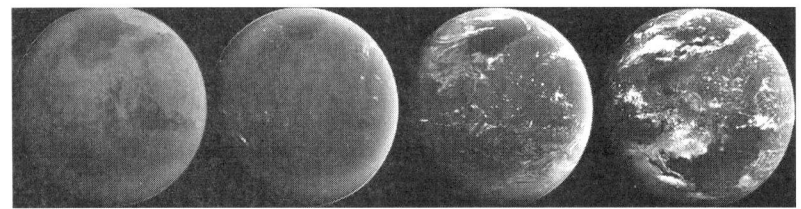

VI. 테라포밍의 한계

1. 물리적 한계
가. 전체적인 대기의 양(압력), 대기를 유지하는 데 필요한 중력, 태양으로 부터의 거리 등 기본적으로 행성/위성이 가지는 물리적인 특성의 한계가 존재한다.

나. 태양풍, 자기장 등의 영향, 희박한 대기로 인한 자외선 및 유해광선의 노출과 관련된 문제도 존재한다.

2. 기술적인 한계
가. 화성의 경우, 대기 중 높은 비율의 CO_2 농도로 인한 온실효과로 따뜻한 행성이었을 것으로 예상되나, 이러한 CO_2가 탄산염암의 형태로 지표에 저장되며 대기를 잃었을 것으로 예상된다.

나. 대기 중에 존재하는 CO_2가 일으키는 온실효과의 양성 피드백을 활용해 급격하게 화성의 환경을 바꿀 수 있을 것으로 예상되나, 이는 화성 표면에서 할로겐화 탄소와 같은 강력한 온실가스의 공급기술이 필요할 것.

→ 현재까지 이러한 기술적 한계를 극복하기는 어려우며, 장기적인 관점에서의 투자가 필요하다.

Ⅶ. 미래에 인간에게 미칠 영향에 대한 제안

   1. 우주 개발 전용 인공지능 로봇을 통한 인간의 생물학적인 한계를 극복
   2. 테라포밍 기술의 한계 극복을 위한 화학 및 물리적 연구 개발 투자 확대
   3. 화성 이주를 위해 필요한 인력, 물품, 설비 등을 운반할 수송선 및 유인 우주 왕복선 개발
   4. 화성의 기온 및 대기 환경에 적응할 수 있는 구조물 개발
   5. 열에너지 및 전기에너지 공급을 위한 핵융합&핵분열에너지 활용을 위한 이동식 원자력 발전소 개발
   6. 우주선과 로봇이 결합된 융합체 개발로 화성이주 프로젝트의 순조로운 진행을 위한 이동,개발,거주의 문제 해결에 활용

Ⅷ. 결론

   가. 아랍에미리트가 2117년까지 화성에 처음으로 사람이 살 수 있는 도시를 세운다는 〈화성 2117 프로젝트〉를 발표했다. 이를 위해 화성 신도시로 사람을 이주하는 데 필요한 과학기술을 개발하고, 전문 인력을 집중 양성하고 있다고 밝혔다. 이때 여러 과학적 근거를 고려해 생각해보면 화성 이주는 가능할 것이다.

   나. 인간의 지구에서의 활동은 지구의 상태를 악화시키고 있다. 인간이 살기 어려워질 지구를 대신하여 화성을 제2의 지구로 만들어야 한다. 이를 실천하기 위해선 장기적으로 활용할 '화성 테라포밍'이 필요하다. 테라포밍은 극복해야 할 기술적, 과학적 한계점이 많으며 장기적인 관점에서 해결해야 하며 이에 많은 투자가 필요하다.

   다. 인간이 발생시킨 지구 온난화, 자원 고갈, 기후 악화 등의 문제는 현재 과학 기술로는 해결되기 쉽지 않다. 해결 방안을 마련하고 적응 하기 위해서는 장기적인 관점으로 생각해야 한다. 장기적으로 봤을 때, 이 문제 상황의 대안으로는 화성의 테라포밍이 있다. 그러나 이는 아직까지 과학 기술적 제약이 존재한다. 현재 천문학적인 금액을 필요로 하는 테라포밍 계획을 실편하기 위해선 수많은 사람들의 노력과 투자가 지속적으로 이루어져야 한다.

▶ 나. 발표문 : 화성 이주

>>> 화성이주와 테라포밍의 가능성 발표문 (4분)

안녕하세요. 저는 오늘 화성이주가 가능하려면 어떤 과학기술이 필요한가에 대해 말씀드리겠습니다. 먼저, 왜 우리가 화성이주를 생각하게 되었을까요? 바로 지구의 미래가 불확실해지고 있기 때문입니다. 인간의 무분별한 활동으로 지구의 기후는 빠르게 악화되고 있고, 자원은 고갈되어 가고 있습니다. 이런 위기 상황 속에서, 우리는 지구 외 다른 행성을 '제2의 지구'로 만드는 방안을 고민하게 되었습니다. 그중 가장 주목받고 있는 행성이 바로 화성입니다.

그렇다면 화성이 실제로 사람이 살 수 있는 환경일까요?

화성은 지구처럼 과거에 강과 바다가 있었던 것으로 추정됩니다. NASA는 이미 1997년부터 로버를 보내 탐

사를 진행했고, 2016년에는 화성에서 액체 상태의 물을 발견했다고 공식 발표하기도 했습니다. 생명 유지에 가장 필수적인 물이 존재했다는 점은, 이곳이 생명체의 거주지가 될 수 있다는 강력한 증거입니다.

하지만, 현재의 화성 환경은 우리가 살아가기엔 매우 극단적입니다.

첫째, 기온이 너무 낮습니다. 평균 온도는 영하 53도이며, 밤에는 영하 140도까지 떨어질 수 있습니다. 둘째, 중력은 지구의 40%밖에 되지 않아 인간의 뼈와 근육에 나쁜 영향을 줄 수 있고, 대기 또한 매우 희박합니다. 산소는 0.13%밖에 없고 대부분은 이산화탄소입니다.

셋째, 지구와의 거리도 문제입니다. 화성까지는 보통 150일 가까이 걸리며, 지구와의 거리 차이로 통신 지연과 물자 보급의 어려움도 존재합니다.

이러한 문제를 해결하려면 우리는 단순한 우주여행이 아닌, 행성 개조, 즉 테라포밍기술을 개발해야 합니다.

테라포밍이란 인간이 살 수 없던 환경을 지구처럼 바꾸는 기술입니다. 예를 들어, NASA는 MOXIE라는 장치를 이용해 화성의 이산화탄소를 산소로 바꾸는 실험을 이미 성공했습니다. 이처럼 작은 실험이지만, 이것이 바로 대기 조성의 시작이 될 수 있습니다.

그러나 테라포밍에도 한계는 존재합니다. 물리적으로 화성은 중력이 낮고 태양과 거리가 멀어 대기를 유지하기 어렵고, 태양풍에 대한 자기장 보호도 없습니다. 기술적으로도 대기를 따뜻하게 유지하려면 강력한 온실가스를 활용해야 하는데, 이 또한 지금은 기술적 제약이 있습니다.

그래서 우리는 한 발 더 나아간 대안이 필요합니다. 융합 기술과 신에너지 개발이 그것입니다.

첫째, 화성에서는 건축 자재를 옮기기 어렵기 때문에 현지 자원을 이용한 건축이 필요합니다. 예를 들어 '마샤'는 현무암과 옥수수 플라스틱을 혼합해 만든 건축 자재로, 콘크리트보다 2~3배 강하고 재사용이 가능해 유망한 재료입니다.

둘째, 흙 없이 식량을 재배하는 수경재배, 인공광원을 이용한 농업기술도 필요합니다.

셋째, 핵융합과 핵분열을 이용한 이동식 원자력 발전소를 통해 에너지를 자급하는 방안도 개발 중입니다.

그리고 무엇보다 중요한 것은, 인간의 한계를 보완할 수 있는 우주 로봇과 AI의 융합체입니다. 중력 적응, 자원 개발, 건설, 정찰까지 사람 대신 로봇이 먼저 가서 준비할 수 있는 기술이 핵심이 될 것입니다.

마지막으로 결론을 말씀드리자면, 아랍에미리트는 이미 〈화성 2117 프로젝트〉를 통해 2117년까지 사람이 살 수 있는 도시를 화성에 짓겠다고 선언했습니다. 지구가 위협받고 있는 지금, 우리는 화성을 새로운 거주지로 만들 수 있는 과학적, 기술적 준비를 시작해야 합니다.

물론 테라포밍은 천문학적인 비용과 긴 시간이 필요하지만, 이는 인류의 미래를 위한 필수적인 투자입니다. 지속적인 연구와 인재 양성, 국제적 협력이 이어진다면 언젠가는 화성이 우리의 새로운 집이 될 수 있을 것입니다. 감사합니다.

다. 예상질문 : 화성 이주

● 화성이 지구보다 살기 적합하다고 말했는데, 왜 그렇게 생각하나요?

⇨ 과거 물이 존재했고, 평균 온도가 극단적으로 낮지도 않으며, 낮과 밤의 주기도 지구와 유사하기 때문입니다. 특히, 대기 구성은 문제지만 기술로 보완 가능성이 높습니다.

- **지구보다 가까운 금성은 왜 이주 대상이 아닌가요?**
⇨ 금성은 대기압이 지구의 90배에 달하고, 표면 온도가 460도 이상으로, 납도 녹을 만큼 뜨거워 사람이 살 수 없습니다.

- **화성의 평균 온도는 너무 낮은데, 어떻게 따뜻하게 만들 수 있나요?**
⇨ 온실가스 배출을 조절해 온실 효과를 높이거나, 핵융합 에너지 등 인공 열원을 이용해 국지적으로 온도를 높일 수 있습니다.

- **화성에선 산소가 부족한데, 어떻게 숨을 쉬게 하나요?**
⇨ NASA가 실험한 MOXIE 기술처럼 이산화탄소에서 산소를 분리하는 장치를 사용하거나, 인공 돔 내에서 산소를 만들어 생활할 수 있습니다.

- **화성까지 가는 데 시간이 오래 걸리는데, 현실적으로 이주가 가능할까요?**
⇨ 현재도 6개월 정도 걸리지만, 향후 추진기술이 발전하면 기간이 단축될 수 있습니다. 인류는 장기 우주 비행 기술도 개발 중입니다.

- **화성에선 물을 어떻게 확보하나요?**
⇨ 극지방의 얼음, 지하의 수분층을 녹이거나 추출하는 기술이 개발되고 있습니다. 물은 재활용 기술로 순환시킬 수 있습니다.

- **화성의 중력이 약한데, 건강에 미치는 영향은 없나요?**
⇨ 중력이 지구의 38% 수준이라 뼈나 근육이 약해질 수 있습니다. 이를 위해 운동장비와 인공 중력 기술이 연구되고 있습니다.

- **대기압이 낮은데, 사람이 어떻게 생존하나요?**
⇨ 밀폐형 돔이나 방호복을 통해 지구 수준의 기압을 유지하는 방식으로 거주합니다.

- **화성에 대규모 인프라를 건설하는 것이 현실적으로 가능한가요?**
⇨ 초기에는 로봇과 3D 프린터를 이용해 자동화된 방식으로 건축하고, 자원을 화성 내에서 조달할 계획입니다.

- **왜 굳이 화성까지 가야 하나요? 지구를 지키는 게 더 낫지 않나요?**
⇨ 물론 지구 보존이 우선입니다. 하지만 인류의 생존 가능성을 높이기 위해 '플랜 B'를 준비하는 것도 필요합니다.

- **테라포밍은 얼마나 오래 걸릴까요?**
⇨ 수백 년 이상 걸릴 수도 있지만, 소규모 환경 제어(예: 산소 공급 시설, 온실형 도시)는 몇십 년 안에 실현될 수 있습니다.

- **화성 테라포밍은 비용이 너무 많이 들지 않나요?**
⇨ 맞습니다. 하지만 국가, 민간 기업, 국제 협력을 통해 분담할 수 있고, 기술 발전으로 점점 비용이 감소할 것입니다.

- **테라포밍을 통해 화성을 지구처럼 완전히 바꿀 수 있나요?**
⇨ 완전한 변화는 어렵지만, 국지적으로 사람이 살 수 있는 환경(예: 인공 대기 돔, 지하 도시)은 만들 수 있습니다.

- **화성 이주가 인류 전체에 이익이 될까요?**
  ⇨ 단기간엔 일부 특권층 중심이 될 수도 있지만, 장기적으로는 새로운 자원 확보와 인류 생존 가능성을 높이는 데 기여할 수 있습니다.
- **기술적 한계가 많은데 정말 실현 가능하다고 생각하나요?**
  ⇨ 현재 기술만으로는 어렵지만, 로켓 기술, AI, 에너지 기술, 생명공학이 빠르게 발전하고 있어 가능성은 점점 높아지고 있습니다.
- **인공 자기장이 없으면 화성에서 위험하지 않나요?**
  ⇨ 맞습니다. 태양풍과 우주 방사선을 막기 위해 자기장을 생성하는 인공 구조물이나 지하 거주지 등이 고려되고 있습니다.
- **왜 핵융합 발전소를 화성에서 쓰려고 하나요?**
  ⇨ 태양광은 화성에서 약하기 때문에, 안정적으로 대규모 에너지를 공급하려면 소형 원자로나 핵융합 발전이 가장 효율적입니다.
- **화성 농업은 정말 가능한가요?**
  ⇨ 흙이 아닌 물 기반 수경 재배, 인공광 농업이 이미 지구에서 실현되고 있고, 실험실에서 화성 토양 모사 농업도 성공했습니다.
- **인간의 정신 건강에 문제는 없을까요?**
  ⇨ 폐쇄 공간, 중력 차이, 낮은 사회적 교류 등으로 스트레스가 클 수 있습니다. 이를 위해 가상현실, 로봇, 심리치료 시스템이 개발 중입니다.
- **이 모든 노력이 인류에게 진짜 필요하다고 생각하나요?**
  ⇨ 인류가 지속가능하게 살아가기 위해선 위기 대비가 필수입니다. 화성이주는 단순한 선택이 아닌, 미래 생존 전략 중 하나입니다.

5. 논제: 제2의 지구

인류를 위해 지구가 아닌 다른 곳에 생명이 살 수 있는 곳을 만드는 것이 필요한가? 필요하다면, 현재 지구를 잘 보전하기 위해 필요한 노력의 정도와 지구가 아닌 다른 곳에 생명이 살 수 있는 근거지를 만드는데 필요한 노력의 정도의 비율은?

가. 토론 개요서

1. 주장

인간 활동은 지구의 환경을 이전에는 없던 속도로 변화시켜 기후변화와 같은 환경문제를 만들어내고 있으며, 이에 외부 행성의 테라포밍(terraforming)을 통한 지구 외행성 개척에 대한 의견이 대두되고 있다. 하지만 현재까지의 기술적 한계를 고려할 때 지구 외부 터전을 개척하는데 대한 큰 투자는 무리이며, 지구 환경 개선에 좀 더 많은 노력을 기울여야 해서 노력 정도의 비율을 1:3으로 해야 한다.

II. 지구의 지속 가능성 문제 - 지구가 가진 한계

1. 환경문제

1) 지구온난화(Global warming)

- 기후 변화(climate change)를 직접적으로 대변하는 현상. 지구상의 평균 기온은 1850년 대비 100년에 약 0.74 ± 0.18℃ 증가하는 경향을 보이고 있으며, 이러한 온난화의 경향은 지구 대기 및 해양의 온도 증가 관찰 결과, 빙하의 용융과 해수의 열팽창에 의한 해수면 상승 등으로 명백하게 보이고 있음(Figure 1, IPCC 4th report, 2013).

- 인류에게는 해수면 상승으로 인한 거주지 문제, 식량 생산의 감소 등을 야기함(Rosenzweig, Climate change and the global harvest, 1998).

  ex) 해수면 상승으로 인해 잠기는 투발루(EBS뉴스, "침몰하는 섬, 위기의 나라", 2015. 2. 17)

  Figure 126. (a)지구 표면 온도변화 (b) 지구 평균 해수면 변화 (c) 북반구 눈 덮인 면적 변화 (IPCC 4th report, 2013)

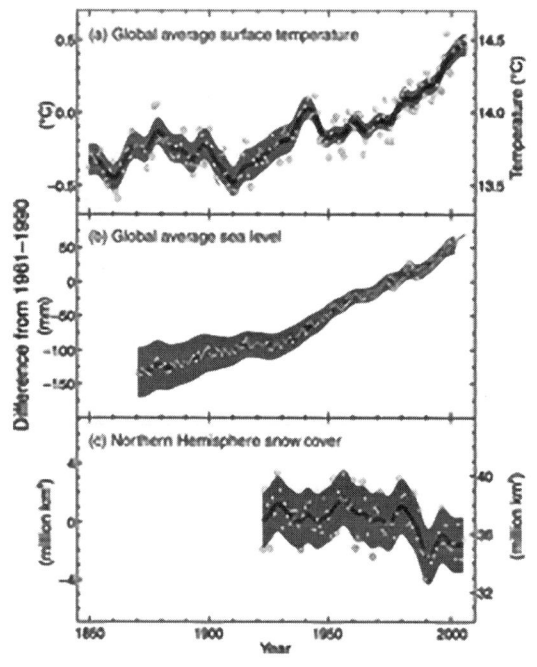

- 인류 활동으로 인해 방출된 온실 가스 (CO_2, CH_4, N_2O, CFCs 등) 농도의 급증으로 인해 발생. 기존 지구의 빙기/간빙기 사이클에 비해 그 증가의 속도가 훨씬 빠르므로 예상이 불가능.

2) 오존층 파괴, 미세먼지, 환경오염 등

CFCs를 필두로 하는 오존층 파괴와 더불어 최근의 미세먼지(particulate matter)오염, 방사능을 비롯한 환경오염 등의 문제가 대두되고 있음.

인간 활동에 의해 방출된 화합물이나 중금속 등이 생태계를 교란시키는 데 큰 역할을 함.

2. 자원문제

인류가 기반으로 하고 있는 화석에너지, 원자력 에너지 등은 유한하며, 현재 지각 표면에 존재하는 자원의 예상 수명은 수백 년 정도로 예상됨.

⇒ 지구의 에너지 자원이 고갈되는 문제에 부딪힐 가능성이 높음.

III. 외행성/위성 테라포밍(terraforming)

- 미 항공우주국(NASA)가 제안한 가장 근본적인 생명체 거주 환경의 조건은 아래와 같음(NASA astrobiology group, https://nai.nasa.gov/media/roadmap/2003/g1.html)

액체상의 물이 존재, 유기 복합물이 생성될 수 있는 환경, 생명활동을 지속하기 위한 에너지 공급

- 테라포밍은 지구가 아닌 다른 행성 및 위성, 기타 천체의 환경을 지구의 대기 및 온도, 생태계와 비슷하게 바꾸어 인간이 살 수 있도록 만드는 작업을 일컬음 (Fogg, "Terraforming: Engineering Planetary Environments", 1995)

IV. 장기적 관점에서의 테라포밍의 필요성과 한계, 그리고 지구 환경 보전의 중요성

1. 지구 외행성 및 위성은 생명체 거주 환경의 조건을 갖추기에 실질적인 제약이 존재하며, 이를 아직 극복하기에는 어려움이 있다.

- 화성, 타이탄(Titan; 토성의 위성), 유로파(Europa, 목성의 위성) 등, 생명의 가능성을 지닌 행성이나 위성들이 테라포밍의 대상으로 주목 받고 있으나, 아직까지는 그 한계가 명확하다.

1) 물리적인 한계

- 전체적인 대기의 양(압력), 대기를 유지하는 데 필요한 중력, 태양으로 부터의 거리(액체상의 물이 존재하는지에 대한 지표) 등 기본적으로 행성/위성이 가지는 물리적인 특성의 한계가 존재 (Fogg, "Terraforming: Engineering Planetary Environments", 1995)

- 테라포밍으로 인류가 살수 있는 공간을 만들기 위해선 이러한 물리적 한계를 극복해야 할 것

	화성(Mars)	타이탄(Titan)	유로파(Europa)
크기(지름)	6,800 km (지구 1/2)	5,151 km	3,130 km
중력	3.711 m/s2 (지구 1/3)	1.352 m/s2	1.314 m/s2
대기압	0.006 기압	1.45 기압	10-12 기압
온도	-140 ℃ ~ 20 ℃	-179.5 ℃	-171.15 ℃ ~ -148.15 ℃

Table 1. 생명체 존재의 가능성이 높은 행성/위성의 물리적 특징 (한국천문연구원 천문우주지식정보)

- 현재 지구상의 생명체가 살 수 있는 환경을 조성하기 위해선 산소의 비율이 높은 대기 조성과 충분한 대기압이 필요하며, 액체상의 물이 존재해야 하나 이는 행성/위성의 크기 및 태양과의 거리에 직접적으로 연관이 있음.

- 태양풍, 자기장 등의 영향, 희박한 대기로 인한 자외선 및 유해광선(X-ray, gamma-ray 등)의 노출과 관련된 문제도 존재.

⇒ 이러한 물리적인 특징을 완벽하게 극복하긴 어려울 것이며, 테라포밍은 지협적으로 이루어질 것.

예) 현재 NASA는 달의 일부 지역을 테라포밍 할 계획을 구상

(Atherton, "NASA Is Seriously Considering Terraforming Part of the Moon With Robots", Popular Science, 2015. 7. 8.)

2) 기술적인 한계

- 화성의 경우, 이전에 대기 중 높은 비율의 CO_2 농도로 인한 온실효과로 따뜻한 행성이었을 것으로 예상되나, 이러한 CO_2가 탄산염암(carbonates)의 형태로 지표에 저장되며 대기를 잃었을 것으로 예상

- 대기 중에 존재하는 CO_2가 일으키는 온실효과의 양성 피드백(positive feedback)을 활용해 급격하게 화성의 환경을 바꿀 수 있을 것으로 예상되나, 이는 화성 표면에서 할로겐화 탄소(halocarbon)과 같은 강력한 온실가스의 공급기술이 필요할 것 (Zubrin and Mckay, AIAA, 1993).

    ☆ 할로겐화 탄소는 CFCs 등을 의미하며, 일반적으로 CO^2의 1,000배 이상에 달하는 지구온난화 포텐셜(Global Warming Potential)을 가짐 (IPCC 4th report, 2013)

- 시아노박테리아(cyanobacteria)를 이용해 탄산염암을 CO_2의 형태로 다시 대기로 공급하는 등의 방법도 존재하나, 외행성/위성이 가지는 극한 추위와 건조함을 극복해 낼만한 기술의 개발이 필요(Graham, Astrobiology, 2004)

    ⇒ 현재까지 이러한 기술적 한계를 극복하기는 어려우며, 장기적인 관점에서의 투자가 필요함.

2. 지구환경의 변화는 현재의 기술 수준으로도 일부 해결 혹은 적응이 가능하며, 신재생에너지 기술의 개발로 지구 자원의 유한성을 극복할 수 있다.

1) 지구온난화는 인류의 생존 문제가 아닌 적응의 문제이다.

- 지구온난화로 대변되는 현재의 기후변화는 오히려 시베리아나 알레스카의 영구동토층(permafrost)의 해빙을 일으키고, 극한의 환경이었던 극지방의 땅을 사용할 수 있는 기회를 제공할 것 (북반구의 24% 정도의 토지 확보).

    ⇒ 넓은 면적의 새로운 거주지/농작지를 확보할 수 있을 것. 늘어나는 인구와 식량 문제의 해결책이 될 수 있음(Figure 2).

    ⇒ 저위도 지역은 대부분 해양으로 구성되어 있는 반면, 지구온난화로 개방되는 극지방은 대부분 육지로 구성.

- 생물의 경우, 이미 기후 변화에 진화적으로 적응하는 종들이 발견되고 있으며, 현재 온난 지역(temperate region)에서 재배되는 작물들에도 적용하려는 시도가 있음(Lobell et al., 2008)

Figure 127. Area of Permafrost (UNEP, 1998)

2) 인간은 오존층 파괴 문제를 거의 해결한 선례가 있으며, 최근 다른 환경오염에 대한 해결책 및 규제도 마련되어지고 있다.

1950년대 가장 큰 환경문제로 치부되었던 성층권 오존층 파괴는 Montreal Protocol(1989)를 기준으로 CFCs를 줄임으로써 현재 회복세로 돌아선 모습을 보임 (NASA, 2015).

플라스틱 쓰레기 등을 생물학적인 방법으로 해결할 과학적인 기술이 확보되고 있음.

ex) 플라스틱 오염물질을 먹이로 삼을 수 있는 미생물의 발견(Dunne, "Newly-evolved microbes may be breaking down the plastics polluting our oceans", Mailonline, 2017. 5. 30)

⇒ 앞으로 문제가 될 수 있는 지구의 환경문제들을 극복할만한 과학 기술 개발이 꾸준히 이루어짐.

3) 신재생에너지 분야 및 방사능 폐기물의 재이용 등에 관련된 기술이 성장해 자원 문제를 해결 가능.

- 풍력, 태양광 등 신재생 에너지를 이용한 발전의 비율이 세계적으로 두드러지게 성장함.
  ex) 허완, "포르투갈, 4일 동안 재생에너지만으로 모든 전력을 공급", 허핑턴포스트코리아, 2016. 5. 19

- 우라늄-238과 같은 핵 폐기물을 다시 에너지로 이용하는 방법 등이 개발을 앞두고 있으며, 빌 게이츠를 비롯한 부호의 많은 투자가 이어지고 있음 (Wald, "Atomic Goal: 800 Years of Power From Waste", The New York Times, 2013. 9. 24)

⇒ 그러나 지구와 같은 복잡계의 변화를 예측하는 것은 어려우며, 현재 인간이 일으킨 지구의 기후변화가 기존과 달리 매우 급격해 예측을 벗어나는 방향으로 진행될 가능성 또한 높다.

ex) 지구온난화에 따라 태풍과 같은 자연재해의 발생 빈도가 매우 가파르게 증가할 것으로 예상됨 (Emanuel et al, PNAS, 2013)

ex) 기후 변화에 따른 생태계의 민감도(vulnerability)가 적응(adaptation)에 비해 더 커서 파괴적인 결과를 야기할 수도 있다는 연구가 존재(Parry et al, Climate change 2007: impacts, adaptation and vulnerability, 2007)

(최종적으로 지구 외의 행성 혹은 위성을 개발해야 될 이유를 제시함)

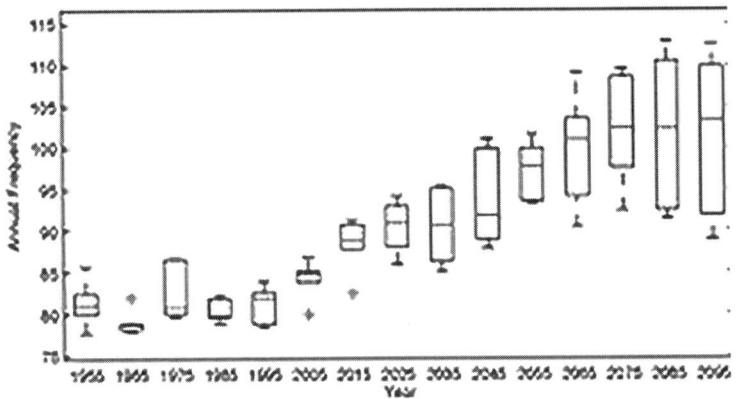

Figure 128. Past and future typhoon occurrence frequency (Emanuel et al., PNAS, 2013)

V. 결론

인간 활동으로 인해 지구가 겪는 환경문제, 자원 고갈 문제 등은 현재 과학 기술의 발전으로 일부 해결 방안이 마련, 혹은 적응이 가능할 것으로 여겨지나, 장기적인 관점에서 기후 변화가 가져오는 불안정성은 지구에서의 인류 생존에 위협이 될 수 있을 것이다. 이에 대안이 될 수 있는 외행성/위성의 테라포밍은 현실적으로 아직 많은 기술적 제약이 존재하므로, 현재 지구의 환경 보전에 대해 70% 이상을 투자하고, 장기적인 관점에서 우주 탐사와 테라포밍 실현 기술에 대한 투자가 지속적으로 이루어져야 할 것이다.

나. 발표문

저희의 주장은 이렇습니다.

현재까지의 기술적 한계를 고려할 때 지구 외부 터전을 개척하는데 대한 큰 투자는 무리이며, 지구 환경 개선에 좀 더 많은 노력, 약 7:3 정도의 노력을 기울여야 한다는 것입니다.

지구를 왜 떠나야 하느냐에 대한 원인으로 저희는 크게 환경문제와 자원고갈문제를 생각했습니다.

먼저 환경문제로는 지구온난화가 있습니다. 인류에게는 거주지 문제, 식량 생산의 감소 등의 피해를 줄 수 있으며, 이는 인간에 의해 방출된 온실 가스농도의 급증으로 인해 발생하는 것으로 알려져 있습니다.

이외에도 오존층 파괴, 미세먼지, 기타 환경오염의 문제가 존재합니다.

또한 두 번째로 자원 고갈을 생각할 수 있습니다. 화석에너지, 원자력 에너지 등은 유한하며, 수 백 년 안에 고갈 문제를 일으킬 것으로 생각됩니다.

이에 대한 대안으로 '테라포밍'이 대두되고 있습니다.

테라포밍은 지구가 아닌 다른 행성 및 위성의 환경을 생태계와 비슷하게 바꾸어 인간이 살 수 있도록 만드는 작업을 일컫습니다. 하지만 저희 의견은 이러한 지구 외행성의 테라포밍이 한계가 있고, 지구 보존에 더 큰 노력을 해야한다는 것입니다.

먼저, 지구 외행성 및 위성은 생명체 거주 환경의 조건을 갖추기에 실질적인 제약이 존재합니다.

대기의 양, 중력, 태양으로 부터의 거리 등 물리적인 특성의 한계는 명백하며, 유해광선의 노출과 관련된 문제도 존재합니다.

화성과 같은 곳에 강력한 온실기체를 공급하거나 미생물을 이용한 방법 등도 개발이 되었으나, 현실적으로 적용하기에는 어려움이 존재합니다.

두 번째로, 지구환경의 변화는 현재의 기술 수준으로도 일부 해결 혹은 적응이 가능하며, 신재생에너지 기술의 개발로 지구 자원의 유한성을 극복할 수 있습니다.

먼저, 지구온난화는 적응의 문제라고 생각합니다.

지구온난화는 시베리아나 알레스카의 영구동토층을 사용할 수 있는 기회를 제공할 것 이며, 넓은 면적의 새로운 거주지/농작지를 확보할 수 있을 것입니다. 유전자 조작 등도 기후변화 적응에 대한 좋은 방법이 될 수 있습니다.

또한, 인류는 오존층 파괴 문제를 거의 해결한 선례가 있으며, 최근 다른 환경오염에 대한 해결책도 마련되고 있습니다.

마지막으로, 자원의 고갈은 신재생에너지 및 방사능 폐기물의 재이용 등에 관련된 기술이 성장해 자원 문제를 해결 가능할것으로 생각합니다.

⇒ 그러나 지구의 변화를 예측하는 것은 어려우며, 현재 인간이 일으킨 지구의 기후변화가 기존과 달리 매우 급격해 예측을 벗어나는 방향으로 진행될 가능성 또한 매우 높습니다.

이를 바탕으로한 최종적인 결론입니다.

인간 활동으로 인해 지구가 겪는 환경문제, 자원 고갈 문제 등은 현재 과학 기술의 발전으로 일부 해결 방안이 마련, 혹은 적응이 가능할 것으로 여겨지나, 장기적인 관점에서 기후 변화가 가져오는 불안정성은 지구에서의 인류 생존에 위협이 될 수 있을 것입니다. 이에 대안이 될 수 있는 외행성/위성의 테라포밍은 현실적으로 아직 많은 기술적 제약이 존재하므로, 현재 지구의 환경 보전에 대해 70% 이상을 투자하고, 장기적인 관점에서 우주 탐사와 테라포밍 실현 기술에 대한 투자가 지속적으로 이루어져야 할 것이라 생각합니다.

다. 예상질문 30개와 답변

1. 왜 70:30이라는 비율이 적절하다고 생각하나요?

   답변 : 현재의 기술로는 지구 환경 문제를 해결하거나 적응하는 것이 훨씬 현실적이며, 우주 테라포밍은 기술적·경제적 장벽이 높습니다. 따라서 주된 노력을 지구 보존에 두고, 장기적 대안으로 테라포밍을 연구하는 것이 균형 잡힌 접근입니다.

2. 지구 환경 문제를 해결할 수 있다는 근거는 무엇인가요?

   답변 : 오존층 파괴 문제를 몬트리올 의정서를 통해 해결한 사례처럼, 국제적 협력과 기술 발전이 환경 회복을 가능하게 했다는 전례가 있습니다.

3. 테라포밍은 불가능한가요?

   답변 : 이론적으로는 가능하지만, 현재로선 막대한 자원과 시간이 필요하며, 환경 조건 조절에 있어 많은 미지의 과제가 남아 있습니다.

4. 유전자 조작을 통한 기후 적응은 실제 가능한가요?

   답변 : 예. 이미 가뭄과 염분에 강한 작물들이 개발되어 있고, 기후에 적응하는 생물체 연구는 활발히 진행 중입니다.

5. 지구온난화가 새로운 기회를 줄 수 있다는 건 지나치게 낙관적인 해석 아닌가요?

   답변 : 단기적으로는 새로운 농지나 자원이 생길 수 있지만, 이는 위험과 기회의 균형을 고려한 현실적인 관점입니다.

6. 왜 우주 이주가 대안이 되지 못하나요?

   답변 : 생존 조건을 완전히 갖춘 환경을 만드는 데 막대한 기술과 자원이 필요하며, 현재 기술로는 사람을 장기적으로 정착시키는 것이 어렵습니다.

7. 우주개발 기업들이 활발히 투자하는데, 테라포밍에 더 집중해야 하지 않나요?

   답변 : 민간 투자와 정부의 방향성은 다를 수 있습니다. 공공 자원은 우선순위를 둬야 하며, 현재는 지구 보존이 더 시급한 과제입니다.

8. 지구온난화를 완전히 멈출 수 있다고 보시나요?

   답변 : 완전한 중단은 어렵지만, 기후변화의 속도를 늦추고 적응 가능한 수준으로 조절하는 것이 가능합니다.

9. 신재생에너지가 자원 고갈 문제를 해결할 수 있다고 보시나요?

   답변 : 태양광, 풍력, 수소연료, 원자력 등 다양한 대안 에너지가 이미 상용화 중이며, 효율성도 계속 개선되고 있습니다.

10. 방사능 폐기물 재활용이 실제로 가능한가요?

   답변 : 일부 폐기물은 고속로 또는 차세대 원자로를 통해 재활용이 가능하며, 연구가 활발히 진행되고 있습니다.

11. 테라포밍이 성공하면 지구는 버려도 되지 않나요?

   답변 : 테라포밍이 성공하더라도 지구는 인류 문명의 기반이며, 가장 안전하고 안정적인 터전이기 때문에 보호해야 합니다.

12. 인류 전체를 외행성으로 이주시키는 것은 불가능한가요?

　답변 : 인류 전체를 옮기기엔 물리적, 경제적, 사회적 제약이 크며, 윤리적 문제도 큽니다. 일부 인구가 가는 것도 수세기 단위의 준비가 필요합니다.

13. 테라포밍보다 우주 거주 시설 건설이 더 현실적이지 않나요?

　답변 : 맞습니다. 그래서 지구 밖 거주지 개발은 단기적으로는 우주 정거장 및 소규모 기지를 중심으로 발전할 것입니다.

14. 기후 변화는 너무 복잡해서 해결이 어렵지 않나요?

　답변 : 복잡하지만 데이터 기반 예측 모델, 위성 관측, AI 분석 등으로 해결책을 찾는 것이 점점 가능해지고 있습니다.

15. 인류는 자연의 변화를 통제할 수 있을 만큼 강력한가요?

　답변 : 자연을 완전히 통제할 수는 없지만, 영향을 줄이고 적응하는 기술은 충분히 개발 가능합니다.

16. 테라포밍을 위한 기술은 현재 어느 정도 수준인가요?

　답변 : 온실기체 방출, 핵융합 발전, 미생물 이용 토양 생성 등 일부 기술이 제안됐지만, 아직 초기 연구 단계입니다.

17. AI와 로봇 기술이 테라포밍에 기여할 수 있지 않나요?

　답변 : 가능하지만, 그 기술이 완성되기까지는 시간이 많이 필요하며, 현재는 지구 환경 관리에 더 잘 활용되고 있습니다.

18. 지구 환경이 더 이상 회복할 수 없을 정도로 망가진다면 어떻게 하나요?

　답변 : 그럴 가능성이 있으므로 지금부터 환경 보존에 집중해야 한다는 것이 저희의 주장입니다.

19. 생물다양성 파괴 문제도 지구에서 해결 가능할까요?

　답변 : 자연 보호구역 설정, 인공 서식지 복원, 유전자 보존 기술 등으로 일정 부분 회복이 가능합니다.

20. 우주 개발은 민간이 맡고, 공공은 지구 보존에 집중하면 되지 않나요?

　답변 : 이상적인 분업입니다. 그러나 정부도 우주개발에 막대한 예산을 투자하므로, 분배 우선순위 조정이 필요합니다.

21. 우주 개발이 경제적으로 더 많은 수익을 줄 수 있지 않나요?

　답변 : 초기에는 경제적 수익보다 기술적 도전이 크며, 지구 문제 해결이 장기적 성장 기반을 마련하는 데 더 효과적입니다.

22. 인류의 도전 정신을 무시하는 것 아닌가요?

　답변 : 도전 정신은 존중되어야 하지만, 그것이 지구 환경을 희생하는 방식이 되어선 안 됩니다. 둘의 균형이 중요합니다.

23. 국제사회는 이 문제에 대해 어떤 논의를 하고 있나요?

　답변 : 유엔, IPCC 등 국제기구는 지구 환경 보존에 무게를 두고 있으며, 테라포밍은 여전히 연구 과제 수준입니다.

24. 기후 변화 적응은 가난한 나라에겐 너무 부담스럽지 않나요?

　답변 : 그래서 국제 협력이 중요합니다. 탄소 배출권 거래, 기술 공유 등을 통해 협력적 적응 전략이 필요합니다.

25. 우주 재난 대비는 왜 필요한가요?

답변 : 소행성 충돌, 태양 폭풍 등 외부 위험 요소도 존재하므로 일부 대비는 필요하지만, 주된 위협은 인간 활동에 있습니다.

26. 미생물로 토양을 만드는 기술이 테라포밍에 쓰일 수 있나요?

답변 : 연구는 진행 중이나, 생물체가 안정적으로 정착하기엔 너무 많은 제약이 있으며 아직 실용화는 멀었습니다.

27. 우주 채굴이 자원 문제를 해결할 수 있을까요?

답변 : 기술적 가능성은 있지만, 경제성과 안전성 문제로 인해 현재는 실험적 수준입니다.

28. 화성 테라포밍이 실패한다면, 그 비용은 누가 책임지나요?

답변 : 현재 대부분의 연구는 공공 예산에 의해 진행되므로 사회 전체가 그 위험을 부담하게 됩니다.

29. 지구를 떠나는 것이 아니라면, 기후난민 문제는 어떻게 해결하나요?

답변 : 국제법 개정, 거주이전 지원, 지속 가능한 개발 정책 등을 통해 대응해야 합니다.

30. 최종적으로 인류의 미래는 어디에 있다고 생각하나요?

답변 : 단기적으로는 지구, 장기적으로는 우주 개척도 필요합니다. 하지만 그 출발점은 반드시 '지구 환경 보존'이어야 한다고 생각합니다.

Part 8. 최신 기출 논제들에 대한 토론개요서 예시 및 분석 훈련

다음 순서를 따라서 개요서를 작성해 봅니다. 개요서 작성 양식의 큰 틀은 주장, 문제원인의 분석, 해결방안으로 작성합니다. 하지만 각자 주장을 비롯한 본문내용을 더 효과적인 정리 방식으로 내용이 눈에 잘 들어올 수 있도록 작성하면 되므로 개요서 예시와 달라도 형식은 달라도 됩니다. 그리고 개요서를 분석하면서 좀더 깊이있는 이해와 통찰을 한다면 토론대회준비를 더 잘 하게 됩니다.

첫째, 논제를 분석하세요.
둘째, 논제에 관련된 자료를 찾아보세요. 자료를 찾고 개요서에 넣을 자료의 출처도 정리해야 합니다.
셋째, 찾은 자료들의 주요한 내용들을 정리 놓습니다.
넷째, 문제 원인들을 분석하고 정리한 내용을 작성합니다.
다섯째, 해결방안들에 대한 아이디어를 정리하고 이를 뒷받침할 수 있는 과학적인 근거를 찾습니다.
여섯째, 문제를 해결하기 위한 과학적인 탐구 방법을 생각해보고 정리해봅니다.
일곱째, 과학적인 탐구 방법과 해결방안을 쉽게 설명할 수 있는 방법을 더 생각하고 그림이나 설계도를 그려보아도 좋습니다.
여덟째, 문제원인과 해결방안을 요약하여 한 문장의 주장을 작성합니다.

1. 토론 개요서 [물부족과 열섬현상문제 해결]

가. 과학적 분석과 해결방안을 중심으로 한 토론 개요서

도시 열섬현상과 물 부족 문제 해결을 위한 융합 기술 활용

1. 논제 분석

논제 : 섬현상과 도시 내 물 부족 문제를 해결하기 위해 어떤 과학적, 기술적 해결방안이 효과적인가?

핵심 개념 분석

- 열섬현상(Urban Heat Island, UHI) : 도시 지역이 주변보다 높은 온도를 가지는 현상. 주로 아스팔트, 콘크리트 등 인공 구조물, 인공열, 녹지 부족 등에 의해 발생.
- 도시 물 부족 : 비투수성 지표(콘크리트, 아스팔트 등)로 인해 지하수 보충이 어려워지며 발생하는 물 순환 단절 현상.

2. 논제 관련 자료 및 출처 정리

열섬현상의 원인과 영향
- NASA Climate (2022). Urban Heat Islands Increase Energy Use and Health Risks.
- 국립기상과학원. 「도시 기후 변화와 열섬 영향 분석」 (2023)

불투수 면적과 물 부족의 관계
- 환경부. 「도시 불투수 면적과 물순환 저해」 정책자료집 (2022)
- UN-Water. "Water Scarcity in Urban Areas" (2021)

그린 빌딩 효과 및 실제 적용 사례
- US Green Building Council. "Benefits of Green Infrastructure" (2023)
- 서울시청 녹색건축센터. 「도시 녹화 및 옥상정원 효과 분석」 (2022)

AI 열 감지 시스템 및 드론 활용
- MIT Technology Review. "AI-Powered Urban Heat Detection" (2023)

신소재 포장재 개발 연구
- 한국건설기술연구원. 「다공성 친환경 보도블록 개발」 (2021)
- Nature Communications. "Permeable Materials for Urban Cooling" (2023)

3. 자료 핵심 내용 요약

- 도시의 열섬현상은 주로 콘크리트·아스팔트 포장, 인구 밀도 증가, 녹지 감소 때문.
- 불투수 포장은 도시의 물순환을 막아 지하수 고갈과 물 부족을 야기.
- '그린 인프라'와 식생을 활용한 빌딩은 열섬 완화에 효과적.
- AI와 열감지 기술을 결합한 스마트 감지 시스템은 열섬 hotspot 파악에 도움.
- 다공성 신소재는 물 투과성과 반사율을 높여 기온 상승 방지 가능.

4. 문제 원인 분석

① 도시 열섬현상의 과학적 원인
- 인공열: 냉난방, 차량, 공장 등에서 발생하는 지속적인 열 방출
- 재료의 흡열 특성: 아스팔트, 콘크리트는 낮에 열을 흡수하고 밤에 방사
- 녹지 감소: 식물은 증산작용으로 주변 온도를 낮추지만 도심에선 부족

② 물 부족 문제의 원인
- 비투수성 포장 증가 ⇒ 지하수 재충전 불가 ⇒ 하천 건천화
- 도시개발 시 지하 구조물(지하주차장, 하수관 등) 증가로 자연 수문 순환 차단

5. 해결방안 정리 및 과학적 근거

① 그린 빌딩 도입 ;
- 벽면, 옥상, 건물 주변을 식생으로 덮은 구조
  - 태양열 차단 + 증산작용으로 온도 하강
  - 서울시 녹화건물의 여름철 온도 평균 2.5°C 하강(서울시청, 2022)

② 투수성 친환경 신소재 개발
- 빛 반사율이 높은 고분자 기반 반사코팅 + 물 흡수 가능한 다공성 구조
- 물리적 실험 결과: 일반 아스팔트보다 표면 온도 10°C 이상 낮음 (KICT, 2021)
- 다공성 포장재는 70% 이상 강우 투과 가능 (Nature, 2023)

③ AI + 드론 기반 열 감지 시스템
- 열 감지 센서 장착 드론으로 실시간 온도 모니터링
- AI 분석으로 '도시 열지도' 생성, 집중 관리 가능
- 실제 뉴욕시, 로스앤젤레스에서 도입 중 (MIT, 2023)

6. 과학적 탐구 방법 제시

① **도시 열지도 실측 탐구** ; ● 열 감지 드론을 이용해 다양한 지역의 표면 온도 수집
　　　　　　　　　　　　● 열섬 심화 지역, 포장재 종류, 녹지 비율 분석 ⇒ 통계적 상관관계 도출

② **투수 신소재 실험** ; ● 기존 아스팔트와 다공성 포장재의 열반사율, 수분 투과율 비교
　　　　　　　　　　● 실험실 조건에서 동일 강우·온도 조건 제공 ⇒ 효과 수치화

③ **그린 빌딩 모형 설계 실험** ; ● 일반 건물과 그린 빌딩 모형 제작 ⇒ 내부 온도, 에너지 소비 비교
　　　　　　　　　　　　　　● 시뮬레이션을 통한 도시 확장 시 효과 예측

7. 쉬운 설명 및 시각화 아이디어

'도시 열지도' 시각 자료: AI가 만든 열섬 심각 지역 지도

그린 빌딩 단면도 그림: 옥상 정원, 벽면 녹화, 1층 녹지보행로 포함

기존 아스팔트 vs 투수성 포장재 비교 인포그래픽

체험형 미니 모형 실험 키트 (열 감지 센서 + 다양한 재료)

8. 한 문장 주장 정리 (Claim) ;

도시의 열섬현상과 물 부족 문제를 근본적으로 해결하기 위해서는 AI 기반의 열 감지 시스템, 그린 빌딩 설계, 친환경 투수성 신소재 도입을 통합한 과학기술 융합 방안이 반드시 필요하다.

▶ 나. 개요서 분석 및 수정 보완

내가 쓴 개요서와 다른 사람이 쓴 개요서 분석	
비슷한 점	다른 점

내가 쓴 개요서 분석		다른 사람이 쓴 개요서 분석	
예상 질문	장점 및 단점	예상 질문	장점 및 단점
추가 할 내용	빼야 할 내용	추가 할 내용	빼야 할 내용

2. 토론 개요서 [미세플라스틱]

<논제> 미세 플라스틱이 지구상의 생태계는 물론 인류의 생존을 위협하고 있다. 미세플라스틱의 문제를 과학적으로 분석하고, 이를 해결할 수 있는 방안을 과학적이고 창의적으로 제시하시오.

가. 미세 플라스틱 문제 해결을 위한 토론 개요서

I. 주장 (한 문장 요약) ; 플라스틱 사용을 완전히 없애기 어려운 현실 속에서, 우리는 플라스틱 쓰레기 수거와 자원화 시스템을 강화하고, 생분해성 친환경 신소재 개발과 자석 그물 기술, 그리고 환경 살리기 크루즈 등의 과학적·사회적 방안을 융합하여 해양 생태계와 인류 건강을 지켜야 한다.

II. 문제 원인의 과학적 분석

1. 미세 플라스틱의 정의와 생성

- 정의: 5mm 미만의 작은 플라스틱 입자. 제품 제조 시 미세하게 만들거나, 자연환경 속에서 점차 분해되어 생성됨.
- 형성 과정: 햇빛(자외선) ⇒ 열화 ⇒ 부서짐 ⇒ 미세 입자화
- 주요 발생원: 스티로폼, 세안제, 합성 섬유, 페인트, 타이어 마모 등
  ☞ 출처: 해양환경공단(2015), UNEP, National Geographic

2. 해양 생태계에 미치는 영향

- 생물 피해: 바다거북 80%가 미세플라스틱 섭취, 해파리를 비닐봉지로 착각
- 생물축적: 플랑크톤, 조개, 물고기, 바다새까지 생물 농축 발생
- 인류 위협: 인간은 해산물 섭취를 통해 미세플라스틱을 간접 섭취

3. 생물 실험 사례 ;
- 해양 생물(갯지렁이 등)에 미세플라스틱 노출 실험 ⇒ 40일 후 건강 악화 관찰

4. 플라스틱의 환경적 특성 ;
- 생분해 안됨, 수거 어려움, 바다에서 장기적으로 부유
- 오염 유발뿐 아니라 장기적으로 해양산업·관광업에도 악영향

III. 과학적·창의적 해결 방안

1. 기술적 해결책

1) 자석 그물 기술

- 원리: 자석이 부착된 그물을 바다에 펼쳐 플라스틱 부유물 수거
- 장점: 기존 수거 방식보다 효율적이고 반복 가능
- 활용: 북태평양 쓰레기섬, 남해안, 항구 주변에 활용 가능

2) 생분해성 플라스틱 및 대체 소재 개발

- 천연 고분자: 셀룰로오스, 녹말, 고무 등 | ● 미생물 기반 고분자: 푸룰란, PHA 등
- 화학 합성 기반: PLA, PCL 등
- 연구 방향: 생분해 속도 향상, 강도·내구성 확보, 가격 경쟁력 확보

3) '환경 살리기 패키지 크루즈' 아이디어
- 정기적으로 미세플라스틱 수거를 위한 크루즈 운영
- 여행 + 환경 정화 활동 ⇒ 참여형 환경 운동
- 다국적 협력 가능, 환경 교육 효과까지

2. 국가 및 제도적 해결책
- 화장품 내 미세 플라스틱 금지법 강화(EU, 캐나다는 이미 시행)
- 플라스틱 제품 분리배출 시스템 개선
- 불법 해양 투기 단속 강화
- 생분해성 소재 도입에 대한 기업 인센티브 제공
- 정부 주도 기술 개발 R&D 투자 확대

3. 생활 속 실천 방안
- 천연 수세미, 천연 세제 사용
- 소금, 견과류 껍질 등으로 세안 (스크럽 대체)
- 미세 플라스틱 포함 제품 식별 앱 활용
- 일회용품 줄이기 운동 + 불법 업체 불매 운동

IV. 과학적 탐구 방법 제안
1. 실험 아이디어 : "자석 그물의 플라스틱 수거 효율 실험"
- 방법: 동일한 부유 플라스틱 양에서 기존 방식과 자석 그물 방식 비교 실험
- 측정 지표: 수거 효율, 시간, 비용, 안정성
- 결론 도출: 실제 해양 환경에서 적용 가능성 분석

2. 소재 실험 : "PLA, 셀룰로오스 기반 신소재 분해 실험"
- 조건: 해수, 토양, 온도 별로 생분해성 실험 | ● 목표: 생분해 기간과 환경적 안정성 비교

V. 시각화 아이디어 제안
- 자석 그물 구조도 & 수거 시뮬레이션 삽화
- 생분해성 플라스틱 분해 과정 도식
- 환경 살리기 크루즈 노선도 및 운영 방식 인포그래픽

☞ 결론 요약 (한 문장 주장 반복)

미세 플라스틱의 피해는 막대하며, 이를 해결하기 위해선 기술 개발, 자원 수거 시스템, 제도적 규제, 그리고 실천 가능한 생활 속 행동들이 종합적으로 작동해야 한다. 자석 그물, 생분해 신소재, 크루즈 프로젝트는 과학과 실천을 결합한 미래 지향적 해답이다.

나. 개요서 분석 및 수정 보완

내가 쓴 개요서와 다른 사람이 쓴 개요서 분석	
비슷한 점	다른 점

내가 쓴 개요서 분석		다른 사람이 쓴 개요서 분석	
예상 질문	장점 및 단점	예상 질문	장점 및 단점
추가 할 내용	빼야 할 내용	추가 할 내용	빼야 할 내용

3. 토론개요서 [생체인식기술]

<논제> 생체인식 기술은 현재 많은 관심을 받고 있는 기술 중 하나이다. 자신의 신체를 활용해 갖가지 보안을 설치하는 시스템으로 되어 있다. 여기서 생체 기술은 어떤 문제점이 있고, 또 계속 쓰여야 할지 토론해 볼 필요가 있다.

가. 생체 인식 기술의 위조 가능성과 대체 기술 제안 토론 개요서

Ⅰ. 주장 (한 문장 요약) ; 생체 인식 기술은 위조 가능성과 보안 취약성이라는 치명적 문제를 지니며, 최근 기술의 정교한 해킹 방식 앞에서는 충분한 신뢰성을 확보하지 못한다. 따라서 보다 안전하고 정밀한 대체 기술 개발 및 도입이 필요하다.

Ⅱ. 문제 원인의 과학적 분석

1. 용어 정의

- 생체 인식(Biometrics) : 개인의 고유한 신체적(지문, 홍채, 얼굴 등) 또는 행동적(보행, 음성, 서명 습관 등) 특징을 디지털화하여 본인 여부를 자동으로 식별하는 기술.
- 지문(Fingerprint): 손가락 끝 마디의 피부선이 만드는 고유 무늬로, 사람마다 다르며 평생 변하지 않는 생체 정보.
- 홍채(Iris) : 눈의 동공을 둘러싼 색깔 있는 부분으로, 유전자에 따라 형성되며 개인마다 매우 정교하고 고유한 패턴을 가진다.

2. 생체 인식 기술의 보안 취약점

가. 지문 인식의 문제점

- 부분 매칭 문제 : 지문 인식 장치는 지문의 전체를 분석하지 않고, 작은 센서로 지문의 일부분만을 캡처해 매칭한다.
- 마스터 지문 공격 : 뉴욕대학교 연구진은 8000개 이상의 지문을 분석해 공통된 특징을 조합한 '마스터 지문'을 만들었고, 이 지문으로 약 65% 확률로 스마트폰 잠금을 해제함.

나. 홍채 인식의 문제점

- 모방 가능성 : 홍채는 고해상도 사진 한 장과 콘택트렌즈만으로 복제할 수 있으며, 실험에서는 1분 이내로 보안 해제가 가능함.
- 공공 노출 문제 : 홍채는 대화나 일상 중에도 쉽게 노출될 수 있어, 비밀 유지에 취약.

다. 얼굴 인식의 문제점

- 2D 이미지 해킹 : 일부 얼굴 인식 시스템은 사진이나 동영상을 사용한 2D 공격에 속기 쉬움.
- 딥페이크 활용: AI 기반 딥페이크 기술로 실존 인물의 표정과 음성을 정교하게 조합한 영상 제작 가능 ⇒ 인증 시스템 속임 가능성 존재.

3. 기술적 문제의 근본 원인
- 정교한 위조 기술의 발전 속도가 생체 인식 보안 시스템 발전 속도를 앞서고 있음.
- 데이터 도난 후 재사용 위험: 생체 정보는 유출 시 변경이 불가능해, 한 번 노출되면 영구적으로 위협이 됨.

Ⅲ. 과학적이고 현실적인 대체 기술 및 해결 방안

1. 모방 불가능한 생체 암호화 칩활용
- 기술 원리 : 사용자의 생체 정보를 암호화된 칩에 저장하여, 서버나 외부 네트워크와 단절된 채 내부에서만 검증.
- 장점 : • 위조 불가(하드웨어 기반 보안)
  - 분실 방지(착용형 칩, 예: 손목 밴드)
- 응용 예시 : 스웨덴에서는 칩 이식으로 교통카드, 키 카드, 신용카드를 대체 중

2. 구강 구조 기반 인증 기술
- 기술 개요 : 치아 배열, 치주 구조, 구강 내 3D 형태를 분석하여 개인 식별
- 장점 : • 외부 노출이 거의 없어 복제 어려움
  - 구강 구조는 노화나 사고에도 잘 변하지 않음
  - 예시 : 법의학에서 신원 확인 시 치아 분석 활용 (히틀러 유해 확인 사례 등)

3. 정밀 안면 3D 인식 기술
- 기술 개요 : 얼굴 전체의 입체적 구조를 센서로 측정하고, 눈-코-입 간 거리, 뼈 구조까지 반영한 정밀 3D 인식
- 보완점 : • 단순 2D 이미지를 통한 위조 방지
  - 표정, 조명 변화에도 안정적 인식 가능
  - 실제 적용 사례: 아이폰 Face ID ⇒ TrueDepth 카메라 이용, 딥러닝 기반 3만 개의 점 분석

4. 다중 인증(Multi-Factor Authentication)결합
- 생체 인식 + 행동 패턴(타이핑 속도, 보행 리듬 등) + 물리적 장치(PIN, 스마트카드 등)
- 보안 등급에 따라 조합 다양화 가능

Ⅳ. 최신 기술 동향 (2024년 기준)
- FIDO2 표준: 생체 인증을 클라우드가 아닌 사용자 장치에서만 검증 ⇒ 유출 방지
- 플러핀(Fingerprint Liveness Detection): 실제 손가락인지 여부 감지하는 기술로 위조 방지
- AI 기반 위협 탐지 시스템: 사용자의 평소 생체 리듬을 학습해 이상 행동 감지 가능

Ⅴ. 결론 (한 문장 주장 반복)
생체 인식 기술은 기술적 진보에도 불구하고 위조와 해킹에 노출된 취약한 보안 수단이며, 이를 보완하거나 대체할 수 있는 칩, 구강 구조, 3D 인식 등 보다 정밀하고 안전한 인증 기술의 도입이 필수적이다.

나. 개요서 분석 및 수정 보완

내가 쓴 개요서와 다른 사람이 쓴 개요서 분석	
비슷한 점	다른 점

내가 쓴 개요서 분석		다른 사람이 쓴 개요서 분석	
예상 질문	장점 및 단점	예상 질문	장점 및 단점
추가 할 내용	빼야 할 내용	추가 할 내용	빼야 할 내용

4. 토론개요서 [기후변화]

〈논제〉 인간의 산업 활동의 결과로 배출된 막대한 이산화탄소 때문에 지구 온난화 현상이 일어난다고 주장하는 과학자들이 있다.

반면 대기의 먼지 증가로 태양열 유입이 방해를 받아 지구의 온도가 낮아진다거나, 지금 우리가 빙하기 사이의 간빙기에 있기 때문에 지구의 온도가 올라간다고 보는, 지구의 온도변화가 자연적인 현상임을 주장하는 과학자들이 있다.

어떤 과학자들의 의견이 더 맞다고 생각하느냐에 따라 정책을 결정하거나 사람들이 미래를 위해 노력하는 방향이 달라집니다.

과학자들 사이의 이러한 의견 불일치에 대해 깊이 고민해 본 후, 제공된 자료에 근거하여 여러분은 어떤 입장이 더 맞다고 생각하는지 정한 후 그것을 옹호해 보라

▶ 가. 토론 개요서: "지구온난화는 인간 활동의 결과이며, 이에 따른 적극적인 대응이 필요하다."

Ⅰ. 주장

지구온난화는 단순한 자연 현상이 아니라, 산업화 이후 급증한 화석 연료 사용과 온실가스 배출로 인해 인간이 직접 초래한 기후 재난이다. 지구온난화에 대한 경각심을 바탕으로 국제 협력과 혁신적 기술 개발이 필수적이다.

Ⅱ. 지구온난화의 정의 및 문제 원인에 대한 과학적 분석

1) 정의 ;
- 지구온난화는 산업화 이후 지구 평균기온이 지속적으로 상승하는 현상.
  - 주 원인: 인간의 활동으로 인한 온실가스 (CO_2, CH_4, N_2O, CFCs 등) 증가.
  - 출처: IPCC 6차 평가 보고서(2021)

2) 과학자 간의 이견 ;
- 과거 : 일부 과학자들은 자연적인 주기 (태양활동, 화산 활동 등)로 인한 온난화를 주장.
- 현재 : IPCC, NASA, NOAA 등 권위기관의 일치된 결론 ⇒ "95% 이상의 확률로 인간이 원인"
- 회의론자는 전체의 5% 미만이며, 대부분 정치적/경제적 이해관계와 관련.

3) 인간 활동의 영향

a. 산업화 이후 온실가스 농도 폭등
- CO_2: 1750년 대비 +50%(2024년 현재 약 424ppm)
- 메탄: 1750년 대비 +170% 증가
- 이산화탄소의 현재 농도는 80만 년 전 빙하기 기록보다 훨씬 높은 수준

b. 인위적 기온 상승과 자연적 변화의 비교
- 태양 흑점 주기, 화산활동, 지구 궤도변화 등은 현재 상승 폭 설명 불가
- NASA의 'Radiative Forcing' 분석: "기온 상승의 90% 이상이 인간 활동에 의한 것"

c. 실제 변화의 증거
- 해수면 상승: 1900년대 이후 평균 20cm 이상 상승
- 빙하 해빙: 그린란드와 남극 빙하의 질량 감소 지속
- 북극 해빙: 지난 40년간 75% 이상 감소

Ⅲ. 국제적 대응 및 과학적 해결 방안

1) 국제 협약 및 정책

a. 파리협정 (2015)
- 전 세계 195개국 참여
- 지구 평균기온 상승폭을 1.5℃ 이하로 제한목표
- 온실가스 순배출 제로(Net-Zero) 달성 추진

b. 교토의정서 (1997)
- 온실가스 감축에 대한 최초의 법적 구속력 협정
- 선진국 중심의 감축 의무

c. 최신 IEA 보고서 (2024)
- 2023년 세계 이산화탄소 배출량은 361억 톤
- 전기차, 재생에너지 확대로 증가율은 0.5%로 둔화되었으나, 여전히 과도함

2) 과학적 해결 방안과 기술

a. 탄소 포집 및 저장(CCUS)
- 화력발전소 등에서 나오는 이산화탄소를 포집해 지하 저장
- 한국, 노르웨이, 미국 등에서 실증 진행 중

b. 인공지능 기반 스마트 에너지 시스템
- AI 분석으로 에너지 수요 예측 ⇒ 에너지 절약 및 효율성 극대화
- 스마트그리드, 분산형 태양광 발전 시스템에 AI 연계

c. 해양 이산화탄소 흡수 강화 (Blue Carbon)
- 맹그로브 숲, 해초밭, 염습지 등 해양생태계의 탄소 흡수 능력 강화
- 해양 보호 구역 확대와 복원 사업 동시 추진

d. 대체육 및 식단 전환
- 축산업은 메탄가스의 주요 원천 (전 세계 메탄 배출의 약 40%)
- 대체육 개발 ⇒ 메탄과 CO_2 배출 동시 감소

Ⅳ. 결론

과거의 자연 주기와 현재의 급속한 지구온난화는 명백히 질적으로 다르며, 그 중심에는 인간의 산업 활동이 있다. 지금 이 순간에도 온실가스는 축적되고 있으며, 지속 가능한 미래를 위한 국제적 협력과 과학적 대응이 시급하다.

V. 참고문헌 및 최신 과학 자료

- IPCC Sixth Assessment Report (AR6), 2021
- NASA Climate Change and Global Warming Factsheet, 2023
- IEA "CO_2 Emissions in 2023" 보고서
- NOAA Global Climate Report - Annual 2023
- Nature Climate Change, "Accelerated Arctic Warming", 2022
- 대한민국 기상청, 온실가스 종합정보센터

나. 개요서 분석 및 수정 보완

내가 쓴 개요서와 다른 사람이 쓴 개요서 분석	
비슷한 점	다른 점

내가 쓴 개요서 분석		다른 사람이 쓴 개요서 분석	
예상 질문	장점 및 단점	예상 질문	장점 및 단점
추가 할 내용	빼야 할 내용	추가 할 내용	빼야 할 내용

5. 토론개요서 [열섬문제]

한 나라가 도시를 계획할 때 도시 열섬문제와 관련하여 어디까지 계획할 지를 과학적으로 제시하고, 그리고 도시열섬문제와 물부족 문제를 해결하기 위한 방안을 제시하시오.

가. 도시 열섬현상과 물 부족 문제 해결을 위한 신기술 도입 토론 개요서

I. 주장 (입론) ; 도시 중심부의 기온을 급격히 상승시키는 열섬현상과 물 부족 문제는 무분별한 도시화와 비투수성 재료 사용에서 비롯된다. 이를 해결하기 위해 녹지 공간과 건설 기술을 융합한 '그린 빌딩'을 적극 도입하고, 기존의 콘크리트와 아스팔트를 대체할 수 있는 친환경 흡수성 신소재를 개발 및 보급하여 도시 생태 균형을 회복해야 한다.

II. 문제의 과학적 원인 분석

1. 도시화의 개념과 그 영향
- 도시화란 인구와 산업이 특정 지역에 집중되며 도시로 발전해가는 과정.
- 이로 인해 대기오염, 쓰레기 증가, 화석연료 사용 증가 등의 문제가 발생하고, 열섬현상은 특히 심각한 환경 문제로 부각되고 있음.

2. 열섬현상의 주요 원인
- 인공 열원 : 자동차, 공장, 냉난방기기 등에서 발생하는 인공열과 온실가스 배출.
- 불투수성 자재 사용 : 아스팔트, 콘크리트는 햇빛을 흡수하고 열을 방사하며, 물을 흡수하지 않아 지하수 고갈과 연계.
- 녹지 감소 : 나무와 식물의 기온 조절 기능 상실 ⇒ 도심 온도 상승.
- 과밀 인구 밀집 : 다수 인구가 좁은 지역에 거주하며 교통량과 열기 방출 집중.

3. 물 부족의 과학적 원인
- 도시에서 비가 내리더라도 불투수 면적 증가로 인해 물은 지하로 스며들지 못하고 하수도로 빠짐.
- 이는 지하수 고갈및 여름철 물 부족 문제로 이어짐.

III. 문제 해결을 위한 창의적 방안

1. 그린 빌딩(Green Building) 도입
- 건물 외벽, 옥상, 지상 공간을 식물과 융합하여 미세기후 조절.
- 옥상 정원, 수직 정원, 벽면 녹화 등. | ● 태양열 차단 및 습도 조절, 탄소 흡수 효과 탁월.
- 기존 아스팔트 보행로 대신 녹지보도 및 생태통로 도입으로 열섬효과 완화.
- 도시 미관 향상 및 생물 다양성 확보.

2. 흡수성 친환경 신소재 개발
- 기존의 아스팔트·콘크리트 대체용으로 빛 반사율이 높고, 물을 흡수하여 지하수로 전달가능한 소재 개발.
    - 예) : ● 생분해성 포장재, 흙과 식물이 혼합된 다공성 블록, 고흡수성 폴리머 기반 소재 등.
        - 적외선 방사를 최소화하여 대기 온도 상승 억제.
        - 도시 전역에 단계적으로 도입하고, 기존 도심 재개발 시 법적 기준화필요.

3. AI기반 열 감지 및 대응 시스템 구축

- AI 드론과 열 감지 센서를 도시 전역에 배치하여 온도 상승 지역 실시간 파악.
- 데이터 기반으로 가장 열섬현상이 심한 지역에 우선 녹지 조성 또는 신소재 도입.
- 장기적으로는 AI가 열섬 원인 예측 및 예방 설계까지 가능하도록 시스템 고도화.

4. 지속 가능한 도시계획 기준 마련

- 녹지면적 최소 기준, 인공피복율 제한, 지하수 보전 지역 지정 등 도시개발 시 환경적 규제 기준 강화.
- 인구 밀집도 분산을 유도하는 균형 잡힌 국토 정책 필요.

IV. 결론

도시 열섬현상과 물 부족 문제는 단순한 환경 문제가 아니라, 인류의 생존과 직결된 도시 생태 위기이다. 그린 빌딩 기술, 친환경 흡수성 신소재 개발, AI 기반의 실시간 열 감지 시스템을 결합한 융합 기술 중심의 해결책이 절실하다. 도시를 개발하되 자연을 포용하고 생태 균형을 유지하는 지속가능한 도시화 전략이 이제는 선택이 아닌 필수이다.

나. 개요서 분석 및 수정 보완

내가 쓴 개요서와 다른 사람이 쓴 개요서 분석	
비슷한 점	다른 점

내가 쓴 개요서 분석		다른 사람이 쓴 개요서 분석	
예상 질문	장점 및 단점	예상 질문	장점 및 단점
추가 할 내용	빼야 할 내용	추가 할 내용	빼야 할 내용

6. 토론개요서 [아열대 기후]

우리나라는 전국적으로 아열대 기후로 진입하게 되었고, 식물의 생장 기간이 늘어나고 연평균 온도도 증가하게 되었다. 이러한 기후 변화로 인한 생태계와 사회에 미치는 문제점을 탐구해 보고, 이러한 문제점을 해결할 수 있는 과학적이고 창의적인 방안을 제시하시오.

가. 기후변화 대응을 위한 창의적 해결 방안 토론 개요서

I. 주장 (Thesis)

인간의 산업 활동으로 배출된 과도한 이산화탄소는 기후변화를 가속화시키고 있으며, 이를 해결하기 위해서는 전력 소비를 효율적으로 조절하는 IoT 기반 애플리케이션, 유전자 조작 나무를 활용한 숲 조성, 인공 녹색섬 프로젝트와 같은 창의적이고 지속 가능한 생태 기술이 필요하다.

II. 문제 원인의 과학적 분석

1. 기후변화를 유발하는 주요 원인 (출처: 2016 환경백서)

가. 온실가스 배출

① 지구 평균기온 상승 (온난화)

② 인간 활동으로 배출된 온실가스(GHGs) ⇒ 지구 복사열의 대기 내 포집

③ 엘니뇨, 이상 폭염, 한파등의 이상기후 유발

④ 해수면 상승

⑤ 극지방 빙하 용해 ⇒ 해수면 상승 ⇒ 해류 및 대기 흐름 변화 ⇒ 기후 영향 심화

나. 산업 및 생활활동에서의 이산화탄소 배출

① 공장 및 발전소 매연 : 화석연료 연소로 CO_2 다량 발생

② 자동차 배기가스 : 경유차, 노후 차량 중심으로 GHG 배출

③ 가축 방목 증가 : 소의 메탄 배출 증가 (메탄은 CO_2보다 25배 이상 강력한 온실가스)

④ 열대우림 파괴 : 탄소 흡수원인 숲 파괴 ⇒ 흡수량 감소 + CO_2 직접 배출

2. 기후 변화의 생태적·사회적 영향

가. 생태계 변화

① 담수생태계 저서무척추동물 피해

② 아열대 생물종의 확산 ⇒ 토종 생물종 위협

③ 초대형 산불 : 건조한 환경 + 이상기온 ⇒ 산불 위험 급증

④ 빙하 용융 : 북극 생물의 서식지 파괴, 해수면 상승으로 인한 국가 단위 피해

나. 사회적 문제

① 건강 악화 : 대기오염 증가로 아동·노약자 건강 악영향

② 경제적 피해 : 관광 산업, 스포츠 산업 타격

③ 극단적 이상기후: 폭염, 태풍, 한파 ⇒ 인명 및 재산 피해 증가

* 출처: 인터넷신문위원회(2020). 「기후 변화가 인간 사회에 미치는 9가지 악영향」

III. 창의적인 문제 해결 방안

1. 전력 소비 감소를 위한 IoT 전력 조절 애플리케이션 개발

- 기술 개요 : 가정 내 전기기기를 콘센트와 연결된 IoT 장치로 모니터링
- 작동 방식 : 스마트폰 애플리케이션을 통해 실시간 전력 사용 확인 및 원격 차단
- 이점 :
  - 대기전력 차단 ⇒ 가정의 전력 사용 감소
  - 발전소 전력 생산량 감소 ⇒ CO_2 배출량 감축
  - 사용자 편의성 향상

2. 유전자 조작 나무를 이용한 인공 숲 조성

- 개념 : 유전자 편집 기술을 통해 이산화탄소 흡수율이 높은 나무개발
- 활용 방안 :
  - 사막화된 지역 및 도시 외곽에 대규모 조림
  - 생명력과 탄소 고정력 강한 품종 집중 배치
- 효과 :
  - 탄소 흡수량 증가 ⇒ 대기 중 CO_2 농도 감소
  - 황폐화된 지역 복원 + 도시 열섬 현상 완화

3. 인공 녹색섬 프로젝트 (Green Artificial Islands)

- 개념 :
- 에너지 제로섬 : 태양광, 풍력, 지열, 수소, 연료전지 등 친환경 에너지원으로 자급자족
- 녹색 생태계 : 조성된 식생을 통해 CO_2 흡수, 공기 정화 기능 수행
- 기능과 효과 :
  - 생태 복원 : 광합성을 통한 대기 정화
  - 관광 수익 : 관광지로 활용해 경제적 자립 ⇒ 수익을 다시 환경 프로젝트에 재투자
  - 국제 확산 가능성 : 홍보 및 기술 공유를 통해 글로벌 지구 정화 협력 가능

* 출처 : 『지구온난화, 어떻게 해결할까?』, 이충환, 동아엠앤비, 2020

IV. 결론

기후변화는 자연 생태계뿐만 아니라 인간의 삶 전반을 위협하는 심각한 위기이며, 이에 대응하기 위해서는 기존의 에너지 절약을 넘어서는 창의적인 접근이 필요하다.

IoT 기술, 생명공학, 친환경 인프라 조성 등 융합기술을 활용한 해결책은 현실적으로 실현 가능하며, 지구의 지속 가능한 미래를 위한 핵심 전략이 될 수 있다.

나. 개요서 분석 및 수정 보완

내가 쓴 개요서와 다른 사람이 쓴 개요서 분석	
비슷한 점	다른 점

내가 쓴 개요서 분석		다른 사람이 쓴 개요서 분석	
예상 질문	장점 및 단점	예상 질문	장점 및 단점
추가 할 내용	빼야 할 내용	추가 할 내용	빼야 할 내용

7. 토론개요서 [유전자 가위 기술]

유전자 가위 기술이 무엇인가? 또 이 기술이 가져올 앞으로의 미래 상황을 제시하고, 이에 따른 발생한 문제들은 어떤 것이 있고, 이를 해결하기위한 방안을제시하시오.

▶ 가. 유전자 가위 기술 토론개요서

I. 주장 (Thesis)

유전자 가위는 유전 질환 치료라는 긍정적 가능성을 가지는 동시에, 맞춤형 아기의 '생산'이라는 윤리적 문제를 초래할 수 있다.

따라서 유전자 가위의 오남용을 방지하기 위해, 배아의 유전자 조작 여부를 사전에 검사하고, 국제적 협약을 통해 과학의 윤리적 통제를 강화해야 한다.

II. 유전자 가위란?

1. 유전자 가위의 개념
- 정의 : 인간 및 동식물 세포 내의 특정 유전자를 교정(수정·삭제·대체)하는 생명공학 기술
- 작동 원리 : 유전자의 특정 위치에 결합한 후 DNA를 절단하는 인공효소로, 잘못된 유전자를 제거하거나 치환하여 유전적 결함 해결

2. 크리스퍼 유전자 가위(CRISPR-Cas9) ;
- 구성 : RNA 가닥 + Cas9 단백질   • 특징 : 3세대 유전자 가위로 정확도·효율성↑, 비용↓
- 적용 분야 : 유전병, 후천성 질환, 감염병, 식량 작물 등에 적용 가능

III. 유전자 가위의 활용과 가능성

1. 유전 질환 치료
- 원리 : • 환자에게서 채취한 유전자를 실험실에서 교정 후 재삽입
  - 교정 유전자가 체내에서 정상 세포 비율을 증가시키며 증상 완화 또는 완치
- 치료 사례 : • LCA (레베르 선천성 흑암시), 낭성 섬유증(Cystic Fibrosis)
  - 실명, 폐 질환 등 난치성 질환 치료 가능성

2. 다양한 질병 치료
- 원리 : 질병 관련 유전자의 특정 부위를 제거하여 이상 단백질 생성 차단
- 적용 가능 질환 : • 에이즈 : HIV 유전자를 제거
  - 비만·당뇨병·암: 질환 유발 유전자 제거를 통한 세포 환경 개선

3. GMO 작물 개발
- 방법 : 식물의 약한 유전자 제거 ⇒ 식물이 스스로 강한 유전자 복원
- 효과 : • 작물 생산량 및 저항성 향상   • 기후 변화 대응 작물 개발 가능

IV. 문제점

1. 맞춤형 아기의 가능성
- 원리 : 정자·난자의 DNA를 수정하여 외모, 지능, 체질 등 부모가 원하는 유전형 선택 가능
- 문제점 : • 생명 탄생의 자연성과 다양성 훼손
  - 치료 목적을 넘어선 '디자인 아기'의 생산
  - 생명의 상품화 우려

2. 유전자 가위의 기술적 불완전성
- 기술 오작동 : • 정확한 표적 외의 DNA 부위를 자를 위험
  - 체내에서 가위 단백질이 찌꺼기로 남거나 변형 유발 가능
  - 돌연변이나 암 발생 가능성
- 장기적 영향 미지수 : • 현재의 기술로는 향후 수십 년간의 부작용을 예측하기 어려움

V. 해결방안

1. 윤리적 규제
- 배아 유전자 조작 검사 : • 임신 초기 배아 유전자 검사로 불법 조작 여부 판별
  - 부모 유전자 분석을 통해 조작 시도 여부 확인
- 국제적 협약 체결 : • 유전자 편집 기술은 전 인류의 문제
  - WHO, UNESCO 등 국제기구 중심의 윤리 가이드라인 제정 필요
  - 유전자 조작의 범위를 질병 치료로 한정하도록 법제화

2. 기술적 정밀도 향상
- Multiplex Digenome 분석법 :
  - 유전체 DNA에 유전자 가위를 처리한 뒤, 표적 외 DNA 절단 여부까지 정밀 분석
  - 교정의 정확도 높이고, 부작용 최소화

VI. 참고자료
- 프레시안 뉴스 : 유전자 가위 기술과 생명윤리 이슈 보도
- The Science Times: 크리스퍼 유전자 가위의 과학적 원리와 최신 연구 소개
- 식품의약품안전처 공식 사이트: 유전자 치료제의 허가·안전성 기준 자료 참고

나. 개요서 분석 및 수정 보완

내가 쓴 개요서와 다른 사람이 쓴 개요서 분석	
비슷한 점	다른 점

내가 쓴 개요서 분석		다른 사람이 쓴 개요서 분석	
예상 질문	장점 및 단점	예상 질문	장점 및 단점
추가 할 내용	빼야 할 내용	추가 할 내용	빼야 할 내용

8. 토론개요서 [산불]

우리나라에서 발생하는 대부분의 대형 산불이 봄철에 집중된 이유를 기상 및 자연적 요인 중심으로 논하시오. 또한, 매년 산불에 의한 피해가 지속적으로 발생함에도 산불 예방 및 진화에 어려움을 겪는 이유를 분석하고, 산불을 예방하는 다양한 방법과 산불 발생시 단기간 내에 효과적으로 진화할 수 있는 방안을 과학적인 근거를 바탕으로 제시하시오.

가. 산불진화를 위한 토론개요서

1. 주장
지구 온난화 및 지형적 요인으로 인해 점점 늘어나는 대형 산불을 신소재를 활용한 과학기술과 연소의 조건을 막는 시스템을 이용해 최대한 피해를 줄여야 한다.

2. 문제원인의 과학적인 분석

가. 최근 대형 산불 피해 사례 규모
1) 강릉, 동해, 삼척, 영월 등 강원도 내 곳곳에서 발생한 산불이 7일 오전 현재 산림 4천480ha를 태움.
2) 여의도 면적(290ha·윤중로 제방 안쪽 면적)의 15배, 축구장 면적(0.714ha)의 6천274배에 이르는 산림이 나흘 만에 잿더미가 됨.
3) 2020년 4월 경북 안동 1천944ha, 2019년 4월 강원 고성·강릉·인제 2천872ha, 2005년 4월 강원 양양 973ha, 2002년 충남 청양·예산 3천95ha 등 최근 들어 산불이 대형화되고 있음.
4) 2022년 3월 강릉, 동해, 영월 등 강원도 곳곳에서 발생한 산불이 산림이 축구장 9배에 해당하는 산림을 태움. 이로 인해 막대한 경제적 사회적 손해를 얻음과 동시에 수많은 사람들이 생활의 터전을 잃음.

나. 우리나라에서 발생하는 대부분의 대형 산불이 봄철에 집중 된 이유
1) 기상적인 요인- 건조 기후
- 봄에는 서풍 계열의 바람이 태백산맥을 넘으면서 10도 이상 따뜻해지고 습도는 20%이상 감소함.
- 상대적으로 고온의 기온과 극심한 가뭄으로 인해 건조한 기후가 형성되어 산불이 쉽게 발생함.
- 온난화 현상으로 인해 가을부터 봄철까지 강수량이 주는 현상이 나타나고 있다. 봄에는 기온이 상승하게 되기 때문에 작은 발화로도 큰 산불이 발생함.

2) 지형적인 요인- 강풍의 영향
- 봄철에는 심한 기압차와 기온 역전으로 인해 강원 영서에서 영동으로 매우 강한 골바람이 부는 양간지풍의 현상이 일어남.
- 이로 인해 기온 역전층이 형성되면서 고도가 높아질수록 기온이 높아져 찬 공기는 기온 역전층과 태백 산맥 산등성이 사이의 좁은 틈새로 지나가게 됨.
- 강풍은 작은 불씨도 순식간에 거대한 산불로 번지게 함.

다. 사람을 통한 인위적인 요인
- 봄철 나들이 객이 많아지면서 버려진 담배꽁초 등 작은 불씨로부터 큰불이 발생되기도 함.
- 청면, 한식등 산소를 찾거나 나들이를 가는 날들이 봄에 주로 있다.
- 한식 등 산소를 찾거나 나들이를 가는 날들이 봄에 주로 있다.

라. 침엽수의 특성으로 인한 요인
- 우리나라 산에서 자라는 나무들의 가장 큰 비율을 차지하는 나무의 종류는 침엽수
- 3, 4월에 침엽수 송진에 불이 붙으면 송진의 기름성분으로 인해 오랜 시간 동안 지속됨.
- 또한 송진으로 부터 발생한 연무로 인해 헬기 시야가 방해 받음.
- 5월부터는 나무가 삼투압 현상으로 인해 수분량이 많아지기 때문에 비교적 발화 위험이 적음.

마. 진화에 어려움을 겪는 이유
- 산불 진화에 필요한 물 공급에 어려움을 겪음. 물은 주로 댐에서 끌어와 진화 작업에 사용하는데 댐이 전국에 22개 밖에 없는 것이 문제임.
- 우리나라 산의 큰 부분을 차지하는 돌산은 일반적인 산에 비해 진압에 3배 가량의 물이 필요함. 물의 공급이 원활하지 않은 상태에서 돌산에 불이 나면 더욱 더 진압에 어려움을 겪는 것임.
- 우리나라는 동아시아 지역 전체에 비해 평균고도에 상대적으로 낮은 반면 평균 경사도는 높음.
- 산불이 경사도가 높을수록 빨리 걷잡을 수 없이 확산된다는 특성을 고려할 때 우리나라의 산불이 비교적 진압이 어려움.
- 우리나라는 지질적 복잡성을 가지고 있음. 면적은 작지만 지질은 큰 나라로 중국 전역에서 볼 수 있는 지질을 우리나라의 좁은 땅에서 다 볼 수 있다.
- 또한, 다른 나라들의 지형이 빙하기를 기준으로 완벽히 변화한 것에 비해 한반도는 그런 영향을 크게 받지 않아 수십억 년의 역사가 땅에 그대로 남았고 과거의 지형흔적들이 중첩되어 복잡한 지형이 형성되었음. 산 역시 매우 다채로운 형태로 보여지기 때문에 산불의 진행방향이나 속도 등에 대해 고려하기 어려움.
- 우리나라는 계절적 격변성을 가짐. 한국 하천은 갈수기와 홍수기에 500~700배에 가까운 강우량 차이를 보이기 때문에 몇 일간의 홍수나 산사태는 극단적인 지형변화를 초래하여 지형 분석에 어려움을 줌.
- 임간도로는 산불 발생 시 방화벽의 역할과 더불어 소방대원들의 진화를 돕는데 이 수가 현저히 부족하여 조기 진압 장소에 접근이 어려움.

3. 창의적인 해결방안
가. 대형 산불 예방 방법
1) 지상의 연소물질 제거 ; 주기적인 가지치기는 불이 옮겨 붙는 것을 방지할 수 있다. 많은 가지들이 가깝게 붙어있는 것이 산불의 더 빠른 확산을 초래함.

2) 침엽수의 송진은 발화물질로 산불 확산의 주범 중 하나임. 송진은 침엽수의 생존과 무관한 성분으로 제거해도 무방함.

3) 마른 낙엽은 불이 확산하는 데에 촉매와 같은 역할을 함. 낙엽을 떨어뜨려 흙으로 덮거나 스프링클러를 설치해 땅에 습기를 주는 것이 좋다. 습도가 낮아졌음이 감지될 때마다 스프링클러를 작동시켜 물을 뿌림.

4) 벌금을 높이고 취사금지구역을 확대시킴. 인화성 물질을 가지고 산에 가는 것을 막음.

5) 방화수로 방화선을 만듦. 동벽나무와 아왜나무는 나무껍질이 두꺼워서 불이 쉽게 옮겨 붙지 않음. 또한 은행나무와 서쿼아이나무는 코르크층(고무성분)이 두꺼워 불에 타지 않음.

6) 곳곳에 도랑을 판다. 도랑은 나무 사이에 간격을 벌려 방화선과 방화벽의 역할을 함.

7) 사방댐의 수를 늘려 화재진압 현장에 물 공급이 원활하도록 해야 함. 헬기 취수 가능 저수댐이 전국에 22개 밖에 없기 때문에 빠른 진화가 어렵다. 또한 야간에도 산불을 빠르게 진압할 수 있는 헬기의 수가 부족함.

8) 산불이 대형 산불로 번지는 것을 막는 가장 효율적이고 보편적인 방법은 임간도로를 활용하는 것임. 임간도로란 임산물의 수송이나 삼림의 관리를 안정적으로 유지시키기 위해 조성한 도로를 말함. 임간도로는 산불 발생시 방화선의 역할과 더불어 소방대원들의 빠른 진입을 돕고 병해충 관리에도 도움을 줌. 일본과 독일 등의 국가에 비해 우리나라는 임도가 현저히 부족함.

9) 식물들의 밀집도를 정확하게 파악하고 있다면 불의 확산경로와 속도를 예상할 수 있다. 밀집도를 파악하여 효율적으로 산불을 진화할 수 있음.

10) 주기적으로 적외선 카메라를 단 드론을 산에 띄워 산불이 의심된다면 사진을 소방서로 전송 빠른 상황 전달하여 빠른 상황 전달 시스템을 구축해야함.

11) 산불 발생시 진압 방법 ; 드론을 활용하여 진화탄 투척 산불을 진압함.

나. 산불 발생 시 단기간 내에 효과적으로 진화할 수 있는 방안

1) 드라이아이스 투하 및 대포 활용 방안

- 이산화탄소를 공급하여 산불을 진화하고, -78도에 달하는 저온으로 인해서 발화점온도에 도달하지 못하도록 냉각을 시켜서 진화를 할 수 있게 함.
- 드라이아이스 알갱이를 산불 발생 지역으로 발사하는 장치를 개발하여서 집중 투하하여서 발화점에 도달하지 못하도록 막고 산소 공급을 차단하여서 진화 할 수 있게 함.

2) 대형소방헬기효과를 내기 위한 드론 활용 방안

- 대형헬기를 통한 산불진화 효과가 높은 반면, 대형소방헬기 1대가 200억에 달하는 높은 비용으로 도입이 쉽지 않은 상황임, 이를 보완하기 위해서 소방 드론의 비행 방식과 대형을 넓게 잡고 소방 드론의 개수를 늘려서 즉각적인 진화가 가능할 수 있도록 함.

3) 산소 흡수 장치 활용 방안

- 연소를 돕는 산소 기체를 짧은 시간동안 흡수해서 진화할 수 있도록 유도함.
- 아주 빠르게 탈 수 있는 포탄을 활용해서 주변의 산소를 이용해서 타도록 해서 산소를 흡수하게 함

- 대형 진공 청소기를 활용한 공기 흡입으로 산소 기체를 줄여서 연소의 조건을 만족하지 못하게 해서 산불을 진화하게 함.

4) 바닥에 깔린 스프링 쿨러를 활용한 조기 진화 방안

- 스프링 쿨러의 재질을 티타늄을 활용함.
- 티타늄의 특성: 세상에서 가장 강한 금속 중 대표적으로 손꼽히는 것이 티타늄이라고 함. 안경, 주방기구, 우주선 등 다양한 용도로 사용되며 우주선의 재료로 사용되는 금속으로도 유명하며 우주선이 발사된 후 지구 대기권을 뚫고 나간다거나 다시 대기권 안으로 들어오는 과정에서 엄청나게 높은 열이 발생하는데, 금속 중에서 유일하게 티타늄이 녹아내리지 않고 이 열을 이겨낸다 함.
- 주변 지하수나 호수 및 하천의 물을 활용해서 진화에 필요한 물을 공급받을 수 있도록 설계함.
- 센서를 활용하여 습도가 낮을 때 스프링클러가 돌아가서 수분을 공급하여 산불이 나지 않는 습도로 조절할 수 있게 함.

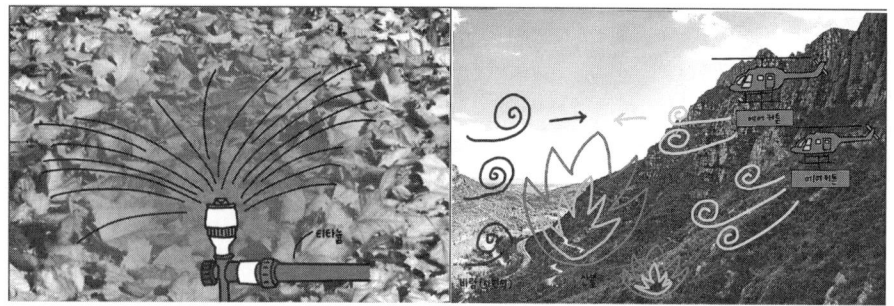

티타늄 스프링 쿨러   에어 장벽

5) 에어 장벽을 통한 불길이 번지는 것을 막는 방안

- 최근에 개발된 에어커튼의 경우 터널 속 화재 발생 시 빠른 진압을 위해서 개발됨. 에어커튼의 바람 각도는 15도이며 초속30미터 풍속으로 발사될 때 불길의 이동을 가장 최적으로 막는다는 것을 증명함.
- 이를 바탕으로 에어 장벽을 만들 수 있는 강풍 발생장치를 장착한 헬기를 개발을 배치해서 산불이 발생한 곳의 상공에서 여러 대가 동시에 바람을 분사하게 해서 불길이 번지는 것을 막음.

〈출처〉

1. 산불에서 살아남기 (저자: 아이세움)
2. 조선시대 산불 (밀크북)
3. 항공 산불 방재로 화수목
4. 붉은 불길이 덮쳐온다 (2018-켈리포니아 산불)
5. 산불방재학(저자: 이시형)
6. 강한 금속 티타늄|작성자 아라

나. 개요서 분석 및 수정 보완

내가 쓴 개요서와 다른 사람이 쓴 개요서 분석	
비슷한 점	다른 점

내가 쓴 개요서 분석		다른 사람이 쓴 개요서 분석	
예상 질문	장점 및 단점	예상 질문	장점 및 단점
추가 할 내용	빼야 할 내용	추가 할 내용	빼야 할 내용

9. 토론개요서 [미세먼지]

최근 미세먼지로 인하여 한국인의 건강에 악영향을 미치지 않을까 우려되고 있다. 이러한 미세먼지가 발생하는 이유와 인체에 미치는 영향을 조사하고, 그 피해를 줄일 수 있는 방안을 과학적으로 탐구하시오.

가. 미세먼지 문제에 대한 과학적 분석 및 토론 개요서

1. 문제 상황의 과학적 분석

▶ **문제 인식 요약**

- 국내 미세먼지(PM10) 농도, OECD 평균보다 2배 높음 (독일, 일본 대비 심각)
- 미세먼지로 인한 건강 피해증가:
  - 65세 이상 노인 사망률, PM10 농도 10㎍/ 증가 시 0.4% 증가
  - PM2.5 농도 10㎍/ 증가 시 1.1% 증가 (출처: 국립환경과학원·인하대 연구팀, 2009)
  - 임산부 저체중아 출산 위험 5.27.4% 증가, 사산 위험 8.013.8% 증가(출처: 이화여대 하은희 교수 연구, 양산부산대병원)
  - 천식, 폐질환, 면역저하유발
- 국내 주요 발생원 분석(출처: 환경부, 2012)
  - PM10: 제조업 연소 65%, 교통 25% | PM2.5: 제조업 연소 52%, 교통 33%

2. 문제 원인의 과학적 분석

▶ **문제 원인 분석 1. 대외적 영향은 제한적**

- 중국발 미세먼지 영향 과장 가능성
  - 서풍 지속 시에도 국내 미세먼지 농도 낮음⇒ 계절풍 영향은 제한적(출처: 기상청)

▶ **문제 원인 분석 2. 대내적 요인 중심**

- 자동차 수 급증 ; 차량 수 증가에 따라 교통 유발 미세먼지 지속 상승(출처: 국토부)
- 전력 소비량 증가 ; 선진국은 감소, 한국은 증가 ⇒ 화력 발전소 의존도 증가(출처: 아시아경제)
- 제조업 연소 및 교통 부문에서 미세먼지 대량 발생 ; 환경부 데이터와 일치
  - PM10 발생원: 제조업 연소(65%), 교통(25%)

3. 창의적 문제 해결 방안

▶ **1) 국민 노출 최소화 중심의 대응책**

- 정확한 예보 및 경보체계 강화 ; 측정 장비 고도화, 예보 정확도 향상
  - 시민 참여형 미세먼지 앱 도입, 실시간 경보 확대
- 원인 추적 연구 강화 ; 국내·외 분석 결과 차이 극복 필요 (JRC vs 환경부)
  - JRC: 인간 활동 불특정 원인 43%, 교통 21%
  - 환경부: 제조업 연소 52%, 교통 33% (출처: JRC, 2016 / 환경부 소책자)

▶ 2) 교통 부문에서 배출 감축
- 디젤 차량 필터 미장착 차량 운행 제한 | • 경유차 조기 폐차 보조금 지급
- 대중교통 전기화(전기차, 천연가스 버스) | • 고농도 미세먼지 발생 시 차량 2부제 시행

▶ 3) 첨단 과학 기술 기반 해결책
- 빅데이터 분석통한 차량 분산 유도, 미세먼지 국지적 완화
- 고효율 솔라패널개발로 화력발전 의존도 감소
- 산업체 미세먼지 정화 기술개발·적용 (예: 전기집진기, 습식 스크러버)

▶ 4) 산업 구조 개편 및 법 개정
- 산업별 배출량 데이터 정밀 분석
- 농업, 임업, 가정연료 등 비산 먼지까지 포함한 정밀 규제 설계
- 미세먼지 다량 배출 산업에 대해 총량제 도입

4. 핵심 주장 및 토론 입장

☞ **주장** : • 국내 미세먼지 문제의 핵심 원인은 국내 내부 요인에 있으며, 과학적 분석을 바탕으로 한 교통·에너지·산업 구조 개선과 기술 기반의 대응책이 시급하다.
- 단순히 외부 요인(중국)에 책임을 돌리는 것은 실효성이 없으며, 국내의 지속 가능한 저감 정책과 기술 투자가 핵심. • 국민의 건강을 보호하기 위해선 경보 체계의 정확성과 빠른 대응, 근본적 원인 제거를 위한 기술혁신이 병행되어야 함.

▶ 나. 개요서 분석 및 수정 보완

내가 쓴 개요서와 다른 사람이 쓴 개요서 분석	
비슷한 점	다른 점

내가 쓴 개요서 분석		다른 사람이 쓴 개요서 분석	
예상 질문	장점 및 단점	예상 질문	장점 및 단점
추가 할 내용	빼야 할 내용	추가 할 내용	빼야 할 내용

10. 토론개요서 [동물복지]

최근 반려 동물과 함께 살아가는 사람들이 많아지고, 자연과 인간의 공생과 관련된 문제에 대해서 고민을 하는 사람들이 늘어감에 따라 우리나라에서도 동물 실험반대 문제, 동물원 존폐 문제, 공장형 동물 농장 폐지 관련 문제, 개식용 반대 문제 등 등 물복지와 관련된 많은 논쟁들이 이어져가고 있습니다. 특히, 반려인구의 폭발적인 증가와 비례하는 유기동물의 증가는 전국적으로 심각한 문제가 되고 있습니다. 이러한 요인을 고려하여 서울시에서는 '동물 공존 도시 서울 기본 계획'을 발표하기에 이르렀습니다. 우리 나라의 동물 복지법과 최근 서울시에서 발표한 '동물 공존 도시 서울 기본 계획'을 참고 하여 동물 복지법에 부족한 부분을 보강 또는 새롭게 필요하다고 생각하는 법을 만들어 나만의 동물 복지법을 3가지~5가지를 제시하고, 그 근거를 쓰시오.

가. 동물복지 토론 개요서

1. 주장

동물원에서 빈번히 발생하는 동물학대는 생명 윤리에 어긋나므로, 동물학대가 의심되거나 확인된 동물원은 폐지하고 VR 동물원으로 대체해야 한다. 또한, 주 50시간 이상 반려동물과 떨어져 있는 보호자에게는 AI 반려동물 관리시스템 도입을 국가가 지원하며, 반려동물 등록을 장려하기 위해 내장칩 등록 시 생체인식기기 구입 비용을 보조해야 한다.

2. 문제의 원인에 대한 과학적 분석

가. 동물 권리와 복지의 개념

- 동물의 신체적·심리적 고통 최소화
- 인간과 동물의 수평적 관계지향
- 법적·윤리적 권리 인식 확대 필요

나. 대한민국 동물복지의 현황

- 2022년 기준 반려동물 1300만 마리, 증가 추세
- 동물보호법 존재하나 산업동물에 대한 실질적 보호 미비
- 유기동물 보호소의 낮은 예산과 위탁 운영 문제로 복지 수준 저하

다. 동물학대의 양상

- 고의적 학대 (구타, 방치, 불법 실험 등)
- 동물원, 유기동물 보호소, 일부 사육환경에서 빈번히 발생

라. 동물복지를 위한 과학적 기준 - 5가지 자유

① 배고픔과 갈증으로부터의 자유 | ② 불편함으로부터의 자유

③ 통증, 부상, 질병으로부터의 자유 | ④ 정상적인 행동 표현의 자유

⑤ 공포와 고통으로부터의 자유

3. 문제 해결을 위한 과학·기술적 방안

가. 증강현실(VR) 기술을 활용한 동물원 대체

- 5G 기반 VR 동물원을 통해 다양한 동물 체험 가능
- 물리적 동물 학대 제거, 교육·체험 목적 달성
- AI 기반 음성 인터랙션 + AR 그래픽으로 몰입감 강화
- 지능형 생태 VR 시스템으로 동물 행동 데이터 기반 체험 제공
- 실제 생태계 보전과 연결하여 체험자 수익 일부가 야생동물 보호기금으로 환원

나. AI 기술을 활용한 반려동물 관리 시스템

- 딥러닝 기반 반려동물 행동 분석: 식사, 활동량, 이상행동 감지
- 자율형 사료급여기 + 카메라 기반 AI 모니터링 시스템
- 반려동물 우울증, 분리불안 등 정서 이상 조기 발견
- 일정 이상 부재 시, 정부 지원으로 AI 가정 돌봄 시스템 도입 법제화

다. 생체인식 기술을 이용한 반려동물 건강관리

- 반려동물 내장칩 + 생체센서 융합 ⇒ 실시간 건강 모니터링
  - 심박수, 체온, 활동량, 소화 상태 등 데이터 수집
  - 이상 징후 발생 시, 모바일 알림과 인근 동물병원 연동
  - 디지털 수의 플랫폼과 연결해 지속적인 건강 추적 가능
  - 내장칩 등록 시 IoT 기반 웨어러블 디바이스 구매비 지원

4. 최신 과학 이슈와의 연계

최신 이슈	적용 방식
인공지능과 디지털 헬스케어의 융합	반려동물의 AI 진단·행동 예측, 디지털 수의사 연계
메타버스 기술의 확장	VR 동물원을 메타버스형 플랫폼으로 확장해 체험자 참여 유도
웨어러블 바이오센서 기술의 발전	반려동물 전용 웨어러블 기기 개발로 건강상태 실시간 분석
환경·윤리 중심 소비 증가	VR 동물원 및 동물복지 상품에 대한 소비자 인식 제고 및 제도적 인센티브 제공

5. 기대 효과

- 동물학대 근절 및 생명윤리 강화
- 어린이·학생 대상 윤리적 동물 체험 기회 확대
- 반려동물 건강문제 조기 예측·관리
- 사회적 비용(유기, 치료, 구조 등) 감소
- 동물복지 선진국 도약의 기반 마련

나. 개요서 분석 및 수정 보완

내가 쓴 개요서와 다른 사람이 쓴 개요서 분석	
비슷한 점	다른 점

내가 쓴 개요서 분석		다른 사람이 쓴 개요서 분석	
예상 질문	장점 및 단점	예상 질문	장점 및 단점
추가 할 내용	빼야 할 내용	추가 할 내용	빼야 할 내용

11. 토론개요서 [증강현실]

'포켓몬 고'라는 증강현실이라는 게임으로 전 세계가 들썩일 정도였다. 증강현실을 통한 다양한 사업의 장점과 단점을 과학적인 근거를 들어서 제시하고, 앞으로 미래사회에서 어떻게 활용되어야 할지에 대한 바람직한 모델을 제시하고, 앞으로 미래사회에서 어떻게 활동되어야 할지에 대한 바람직한 모델을 제시하고 또한 증강현실의 단점을 보완할 방안을 창의적으로 제시하시오.

가. 증강현실 모델에 대한 토론개요서

1. 주장 (Claim)

증강현실 기술의 발전은 일상생활, 교육, 산업, 군사 등 다양한 분야에 긍정적인 영향을 주지만, 사생활 침해, 현실 인지 왜곡, 범죄 악용 가능성 등의 부작용도 증가하고 있다. 따라서 관련 법률을 강화하고, AI기반 보안 시스템을 도입하여 악용 방지를 위한 윤리적·기술적 장치를 마련해야 한다.

2. 문제 원인의 과학적 분석

가. 용어 정리

- 증강현실(AR, Augmented Reality) : 실제 세계 위에 디지털 정보를 실시간으로 덧입혀 보여주는 기술. 사용자는 현실과 가상이 혼합된 환경을 경험하게 됨.(출처: 두산백과)

나. AR 기술의 현황과 장점

- 대표 기술 : 구글 글래스, 마이크로소프트 홀로렌즈, 애플 비전 프로, 포켓몬 GO 등
- 주요 장점 : ① 교육적 효과 (예: 해부학, 역사 재현 등)
  ② 마케팅/쇼핑 (옷, 가구 배치 시뮬레이션)
  ③ 군사/재난훈련 (실시간 3D 지형지도, 실전 시뮬레이션)
  ④ 게임/엔터테인먼트 (AR 게임, 박물관 전시 해설 등)
  ⑤ 의료 (AR 수술 내비게이션, 원격진료 보조)

다. 문제점 (과학적 분석 기반)

1. 인지 왜곡 현상 :
   - 지속적인 AR 노출로 뇌의 **현실 인지 처리 영역(시상피질 및 전두엽)**의 오류 가능성
   - 어린이 및 청소년의 현실 구분 능력 저하, 환각 증상 유사 사례보고됨
2. 범죄와 사생활 침해 :
   - AR기기를 통한 위치 추적, 얼굴 인식 기반 해킹
   - 최근 Deep AR(AR+AI기반 개인정보 스캔 기술)이 스토킹, 광고 타겟팅등에 악용되는 사례 증가
   - 2024년 유럽연합(EU)은 AR기기에서 실시간 위치정보 수집을 제한하는 법안 발의

3. AR 중독 및 물리적 사고 :
- 포켓몬 GO의 사례: 사용자가 절벽, 폐광산, 철도 등 위험지역진입
- AR 중독은 도파민 분비 과잉으로 뇌 중독 회로 활성화⇒ 정신건강 위협

3. 문제 해결 방안

가. 기술적 대책

1. AI 보안 알고리즘 적용
   - AR기기의 카메라, 마이크, 위치 데이터에 AI 기반 침입 탐지 시스템도입
   - 개인정보 비식별화 처리및 자동 알림 기능 강화
2. 현실-가상 인지구분 시스템 내장
   - 착용형 AR기기(Google Glass, Apple Vision Pro 등)에 색상 기반 현실표시 경고 인터페이스 탑재
   - 현실과 가상 오버레이 구역을 구분하는 경계선 기능 탑재 (예: 붉은 테두리 표시)
3. 지오펜싱(Geo-fencing) 기술 도입
   - 고위험 지역(절벽, 철도, 군사시설 등)에 AR 콘텐츠 차단 구역자동 설정
   - 게임 개발사와 협력하여 위험 지역 자동 로그아웃기능 추가

나. 법적·사회적 대책

1. AR 기기 사용 규제 법률 마련
   - 박물관, 영화관, 병원 등에서는 AR 기기 자동 비활성화
   - 증강현실 범죄처벌법(가칭)제정하여 AR 기반 스토킹, 몰카, 위치 추적 범죄에 대한 엄격한 처벌
2. 어린이·청소년 보호 장치 강화
   - 14세 미만 사용자에 대해 AR 콘텐츠 이용 시 시간 제한 및 콘텐츠 등급제 도입
   - 보호자 모드를 통해 실시간 모니터링 기능 강화
3. 사용자 교육 및 윤리 지침 제정
   - 증강현실 사용자의 디지털 시민 윤리 교육 의무화
   - AR 콘텐츠 제작자 대상 윤리 가이드라인 제정⇒ 오용 방지 및 투명성 확보

4. 결론

증강현실은 미래 산업과 사회 발전에 핵심적인 기술 중 하나로, 다양한 분야에서 유용하게 활용될 수 있지만, 기술의 급속한 발전이 부작용도 함께 증폭시키고 있음.

따라서 과학기술적 보완책과 법률적 대응이 함께 병행되어야 하며, AR의 긍정적 잠재력을 극대화하고 부작용을 최소화할 수 있는 책임 있는 기술 관리와 정책 마련이 필요하다.

나. 개요서 분석 및 수정 보완

내가 쓴 개요서와 다른 사람이 쓴 개요서 분석	
비슷한 점	다른 점

내가 쓴 개요서 분석		다른 사람이 쓴 개요서 분석	
예상 질문	장점 및 단점	예상 질문	장점 및 단점
추가 할 내용	빼야 할 내용	추가 할 내용	빼야 할 내용

Part 9. 과학토론대회 예상 논제 및 개요서 총정리

다음의 다양한 토론 논제들을 바탕으로 토론개요서를 작성하는 연습을 하면 매우 많은 도움이 될 것입니다. 어떠한 논제가 나올지 모를 때는 다양한 논제로 토론개요서를 작성해보면 좋습니다. 그리고 평소에 다음의 다양한 논제들에 대한 개요서를 작성하면서 꾸준하게 과학토론대회를 준비해 놓는 것도 매우 좋습니다.

토론 논제 1 — 기후 변화

토론 논제: 기후변화로 인한 문제점들 중 사람들에게 가장 치명적인 피해를 주는 문제점을 과학적인 근거를 들어서 제시하고, 기후변화로 인해 고위도 중위도 적도 부근의 생태 변화 모델을 과학적으로 제시하시오.

■ 주제

기후변화로 인한 문제점들 중 사람들에게 가장 치명적인 피해를 주는 문제점은 무엇이며, 고위도·중위도·적도 부근에서의 생태계 변화는 어떻게 나타나는가?

■ 주장 요약

기후변화로 인해 사람들에게 가장 치명적인 피해를 주는 문제는 극심한 기상이변으로 인한 식량 안보의 위협이다. 이는 생존의 기본 요소인 식량에 직접적인 타격을 주며, 사회적 불안과 건강 문제, 경제 위기 등을 유발한다.

또한, 고위도, 중위도, 적도 부근에서 생태계는 각기 다른 양상으로 변화하고 있으며, 이는 지구 전역에 걸쳐 생물 다양성과 인간 삶에 영향을 미친다.

■ 과학적 근거와 설명

1. 가장 치명적인 피해: 식량 안보 위협

- IPCC(2023) 보고서에 따르면, 지구 평균 기온이 2℃ 상승할 경우, 주요 작물 수확량(밀, 옥수수, 쌀)은 최대 25% 감소할 수 있음.
- 가뭄, 홍수, 폭염 등의 기상이변이 농업 생산에 심각한 영향을 미침.
- FAO는 2022년 기준 전 세계 인구의 약 9.2억 명이 심각한 식량 불안정 상태에 놓여 있으며, 기후변화가 그 주된 원인 중 하나임을 보고.
- 사하라 이남 아프리카, 남아시아 등 저소득국가에서 특히 피해가 극심하며, 이는 이주, 분쟁, 기아 사망률 상승으로 이어짐.

2. 위도별 생태계 변화 모델

구분	변화 양상	과학적 설명
고위도(북유럽, 북미, 시베리아 등)	- 온난화로 생장 기간 증가 - 침엽수림⇒활엽수림 전환 - 영구동토층 해빙	- 식생 북상현상 (NASA 위성자료) - 메탄 방출 증가 ⇒ 온실효과 가속화
중위도(한반도, 유럽, 미국 중부 등)	- 사계절 불균형 - 폭염/한파 빈도 증가 - 산불·병충해 증가	- 기상 이변빈도 통계 증가 (WMO 자료) - 생물 다양성 감소, 생태계 교란
적도 부근(아마존, 아프리카 중앙부, 동남아 등)	- 열대우림 건조화 - 해양 산호 백화 - 전염병 매개 곤충 북상	- CO_2 저장량 감소 ⇒ 탄소 순환 교란 - WHO: 말라리아, 뎅기열 등 전염병 증가 예측

■ **결론 및 주장 강화**
- 기후변화는 단순한 환경 문제가 아니라 인류 생존을 위협하는 복합 위기임.
- 식량 위기는 단기적으로는 생명에, 장기적으로는 국가 안보와 세계 경제에 영향을 미침.
- 위도별 생태계 변화는 지구 전체의 생물학적 네트워크를 위협하며, 이는 곧 인류의 삶의 기반을 흔드는 요소로 작용함.

■ **참고문헌**
1. IPCC 6차 평가 보고서(AR6), 2023
2. FAO "State of Food Security and Nutrition in the World", 2022
3. NASA Earth Observatory, 2023
4. WHO Climate and Health Profile, 2022
5. WMO Global Climate Reports, 2023

| 토론 논제 2 | 지진 예보 |

| 토론 논제 | 지진 예측과 예지 분야는 인류가 풀지 못한 숙제로 남아있다. 지진광이나 지진운, 동물들의 비정상적인 행동 등 예보의 한 방법으로 거론되지만 과학적인 뒷받침이 부족하다. 지진예보를 위한 다양한 방법들을 과학적인 근거를 바탕으로 제시하고 이를 가능하게 할 수 있는 대안들을 창의적으로 제시하시오. |

■ 주제

지진 예보를 위한 다양한 방법들을 과학적인 근거를 바탕으로 제시하고, 이를 가능하게 할 수 있는 창의적인 대안들을 제시하시오.

■ 주장 요약

지진 예보는 여전히 풀리지 않은 과학적 난제이지만, 다양한 지질학적, 물리학적, 생물학적 신호를 통합하여 접근할 수 있다. 기존의 단편적 예보 방법을 넘어, 인공지능 기반 통합 시스템, 대규모 위성 감시, 양자센서 등의 창의적인 기술을 결합한 융합적 모델이 지진 예보의 실현 가능성을 높일 수 있다.

■ 과학적 근거와 예보 방법

1. 전통적/자연 관측 기반 방법

방법	내용	한계
지진운, 지진광	대기 중 전리층 변화나 광학 현상 감지	실증 데이터 부족, 재현성 낮음
동물 행동 감지	민감한 청각/촉각으로 인한 비정상 행동	과학적 검증 미흡, 오작동 가능성
소규모 전진 지진 탐지	본진 전 소규모 지진 감지	전진 지진이 없는 경우도 많음

2. 과학기술 기반 접근

방법	설명	과학적 근거
GPS 기반 지각 변형 감지	판 경계에서의 밀리미터 단위 지각 움직임 측정	지각 응력 분석, 슬로우 슬립 지진 연구에 활용됨
전리층 전자밀도 변화 탐지	위성으로 지진 전 전리층 이상 감지	대만 및 일본에서 일부 상관관계 보고
지하 전자기장/전류 감지	암석 파괴 전 전자기 방출 감지	"Rock fracture-induced EM emissions" 실험적 증거 있음

■ 창의적인 대안 및 통합 시스템 제안

1. AI 기반 지진 패턴 분석 시스템
- 전 세계 지진 데이터, 지하 응력 변화, 지진파 패턴 등을 딥러닝으로 학습
- 이미 Google AI, NASA 등에서 실험 중
- 예: DeepShake, Graph Neural Networks for Seismic Prediction

2. 양자 센서 기반 정밀 계측
- 지각의 미세한 중력 변화나 응력 축적 상태를 고해상도로 탐지
- 기존의 중력계보다 수천 배 민감, 실리콘 밸리 스타트업과 군사용 연구에서 개발 중

3. 지진 감시 위성군 구축 (EarthquakeSAT)
- 전리층 이상, 열복사, 지각변형, 중력 변화 등을 실시간 감지
- 다중 센서 (전자기장, 열화상, 중력측정기 등) 탑재
- 예: 중국의 CSES (China Seismo-Electromagnetic Satellite) 사례

4. 생물학적 조기 경보 시스템
- 민감한 동물 행동을 감지하는 AI 카메라 및 마이크로칩
- 이상 행동을 자동 분석하여 사전 경고 시스템에 연동

5. 초대형 지중 음파 모니터링 센터
- 바다 밑 해양 플레이트 경계 및 지중 심부에 설치
- 정상파, 슬로우 슬립 현상, 마이크로지진 등을 실시간 수집하여 정량 분석

■ 결론

지진 예보는 단일 요소로는 불가능하며, 다양한 신호를 통합 분석하는 복합적 접근법이 필요하다. 특히 인공지능, 위성기술, 양자물리 기반 센서, 생물학적 감지 기술을 융합한 차세대 지진 조기예보 시스템 구축이 가장 유망하다.

이를 통해 수십 초에서 수 시간 전 예측이 가능해지며, 인류의 재난 대응 역량이 혁신적으로 강화될 수 있다.

■ 참고문헌

1. IPGP Earthquake Forecasting Techniques Overview, 2023
2. CSES Project - Seismo-Electromagnetic Research via Satellite, China Space Agency
3. Nature Geoscience (2021). "Machine learning reveals the time of impending earthquakes"
4. Seismological Research Letters (2022). "Animal Behavior Before Earthquakes: Myth or Science?"
5. NASA Jet Propulsion Lab: GPS Crustal Deformation Mapping Report, 2022

| 토론 논제 3 | 배아줄기 세포 |

토론 논제	과학과 의학이 급속도로 발전하면서 생식 및 재생의학의 급속한 변화가 우리를 놀라게 할 것이라고 일부 과학자들은 말한다. 배아줄기세포가 앞으로 미래사회에 어떠한 변화를 줄 것인지 과학적인 근거를 들어서 제시하고, 이에 따른 윤리적인 문제들은 무엇이 있으며 이를 해결하기 위한 방안들을 창의적으로 제시하시오.

■ **주제** ; 배아줄기세포가 앞으로 미래사회에 어떠한 변화를 줄 것인지 과학적인 근거를 들어 제시하고, 이에 따른 윤리적인 문제들은 무엇이며 이를 해결하기 위한 방안들을 창의적으로 제시하시오.

■ **주장 요약** ; 배아줄기세포(Embryonic Stem Cells, ESCs)는 모든 조직으로 분화 가능한 전능성(pluripotency)을 지녀, 재생의학과 불치병 치료에 혁신적 변화를 가져올 잠재력을 지니고 있다. 그러나 배아를 파괴하여 얻는 방식은 생명 윤리와 충돌하며, 이를 해결하기 위한 대체 기술 개발 및 규범의 정립이 필수적이다.

■ **과학적 근거: 배아줄기세포의 미래 변화**

분야	활용 가능성	과학적 근거
재생의학	신경, 간, 췌장, 심근 등 손상 장기 재생	배아줄기세포로 심근세포, 췌장베타세포, 도파민 뉴런 유도 성공 (Nature, Cell 등)
유전자 치료	유전질환 세포를 교정해 체내 이식	CRISPR-Cas9 + ESC 활용 유전자 결함 수정 실험 진행
약물 개발 및 독성 테스트	인체 유사 세포 배양으로 약물 반응 사전 실험	독성 시험에 ESC 유래 간세포, 신경세포 활용 사례 증가
불임 치료	정자·난자 유도 가능성	2023년 일본 교토대 연구팀, ESC에서 정소 유사 구조 생성 보고
맞춤형 장기 배양	환자 세포 기반 장기 생성 가능성	ESC+3D바이오프린팅으로 신장·심장 조직 실험 성공

■ **윤리적 문제점**

 1. **배아 생명권 침해** ; ● 인간 배아를 실험 목적으로 파괴 ⇒ 생명의 도구화 우려
  ● 일부 종교 및 생명윤리 관점에서 인간 존엄성 침해로 간주
 2. **인간 복제 가능성** : ● ESC를 이용한 생식세포 제작 ⇒ 인간 복제 기술로 악용 가능
  ● 유전자 편집 기술과 결합 시, 디자이너 베이비 우려
 3. **재산권 및 상업화 문제** ; ● 줄기세포의 특허, 소유권, 연구기관 간 갈등
  ● 불법 치료 및 미검증 줄기세포 시술 확산

■ **창의적 해결 방안**

해결 방안	설명
iPSC (유도만능줄기세포) 기술 확산	성인의 체세포를 ESC처럼 되돌리는 기술로, 배아 파괴 없이 줄기세포 확보 가능 (야마나카 신야, 노벨상 수상)
디지털 배아 시뮬레이션 개발	인공지능 기반의 가상 줄기세포 분화 모델 개발로 배아 사용 최소화
줄기세포 윤리위원회 강화	국가 차원에서 생명윤리 및 기술 검증을 위한 AI 기반 투명한 심의 시스템 도입
"생명 적합성 점수" 평가 모델 제안	ESC 연구의 사회적 필요성과 배아 파괴의 윤리적 무게를 점수화하여 결정 가이드라인 마련
공공 줄기세포 은행 설립	익명 기증된 배아, iPSC, 제대혈 기반의 공공 자원화를 통해 접근성 평등 실현

■ **결론** ; 배아줄기세포는 의학의 패러다임을 바꾸는 혁신적 기술이지만, 생명 윤리에 대한 신중한 접근이 반드시 병행되어야 한다. 대체 기술의 개발과 사회적 합의, 그리고 공공적 접근을 통해 윤리성과 과학의 균형을 맞춰야 한다.

■ **참고문헌**

1. Yamanaka S. (2006). "Induction of pluripotent stem cells from adult human fibroblasts" - Cell
2. Nature (2022). "Organ regeneration from ESCs in mice and humans"
3. WHO Bioethics and Human Rights Guidelines (2021)
4. NIH Stem Cell Information Portal
5. Kyoto University iPSC Research Center Reports, 2023

토론 논제 4 — 블록체인

토론 논제	블록체인의 원리와 활용분야 대해 정리해 보고 앞으로 미래 사회에 어떻게 이용될지, 그리고 블록체인을 통한 새로운 혁명이 일어났을 때 장점과 단점으로 나누어서 기술하고 이때 생길 문제를 해결할 수 있는 방안을 창의적으로 기술하시오.

■ **주제 ;** 블록체인의 원리와 활용 분야를 정리해 보고, 앞으로 미래 사회에 어떻게 이용될지, 블록체인을 통한 새로운 혁명이 일어났을 때의 장점과 단점을 기술하고, 이때 생길 문제를 해결할 수 있는 방안을 창의적으로 제시하시오.

■ **주장 요약 ;** 블록체인은 탈중앙화된 데이터 저장 기술로, 신뢰 기반의 사회 구조를 기술적으로 구현할 수 있는 혁신이다. 금융, 물류, 의료, 공공 기록 등 다양한 분야에 응용될 수 있으며, 투명성, 보안성, 자동화로 미래 사회에 새로운 질서를 형성할 수 있다. 하지만 기술의 확산은 새로운 사회적·법적·윤리적 문제를 초래할 수 있으며, 이를 해결하기 위한 창의적 대응이 필요하다.

■ **블록체인의 원리**

요소	설명
블록 (Block)	거래 기록 데이터를 담은 단위. 일정 시간 동안 발생한 거래 데이터를 하나의 블록으로 저장
체인 (Chain)	이전 블록과 암호화 방식으로 연결됨. 모든 블록은 해시값으로 연결되어 조작 불가능
탈중앙화 (Decentralization)	특정 기관 없이 참여자(노드) 전체가 공동으로 기록을 유지
합의 알고리즘 (Consensus)	거래 승인 시 노드 간 동의를 얻는 방식 (예: PoW, PoS 등)
스마트 계약 (Smart Contract)	조건이 충족되면 자동 실행되는 계약 기능, 중개인 없이 거래 가능

■ **블록체인의 활용 분야**

분야	활용 예시
금융	암호화폐, 무수수료 송금, 탈중앙 거래소 (DeFi)
공공 행정	전자투표, 토지 등기, 공공기록 불변 저장
물류/공급망	제품 유통 경로 추적, 식품 위조 방지
의료	환자기록 공유, 위조 불가능한 진단서
지식재산권	디지털 콘텐츠 소유권 등록 (NFT 등)
에너지	P2P 전력 거래 플랫폼

■ 블록체인이 미래 사회에 미칠 영향

- 정부 시스템의 분산화 : 중앙 권력 약화, 시민 참여형 거버넌스 등장
- 디지털 자산 경제 확대 : 물리적 자산보다 디지털 자산이 더 중요해짐
- 노동의 자동화와 계약의 간소화 : 스마트 계약으로 중개 없는 거래 확산
- 개인정보 주권 회복 : 사용자가 자신의 데이터 통제 가능

■ 블록체인 혁명의 장점과 단점

장점	단점
데이터 위조 불가능 ⇒ 신뢰 기반 거래	과도한 에너지 소모 (특히 PoW 기반)
중개자 제거 ⇒ 비용 절감	불법 자금 세탁, 범죄 악용 가능
글로벌 참여 가능 ⇒ 접근성 향상	법적 공백 및 규제 부재
개인정보 통제 ⇒ 프라이버시 향상	기술 복잡성으로 대중 접근 어려움
스마트 계약 ⇒ 자동화된 시스템	잘못된 계약 자동 실행 ⇒ 책임 문제 발생

■ 창의적 해결 방안

1. 친환경 블록체인 설계
- PoW 대신 PoS(지분 증명), PoA(권한 증명)방식으로 전환
- 탄소배출 모니터링과 연계된 블록체인 인증 시스템 구축

2. AI+블록체인 윤리 통합 심사
- AI가 스마트 계약을 사전에 검토하고 위험도 분석 후 자동 승인/거절
- 사고 발생 시 자동 롤백 기능 탑재

3. 법률 코드 자동화
- 블록체인 기반 디지털 법률시스템 구축 | • 거래 및 계약에 대해 사전에 법률 조건 자동 삽입

4. "디지털 시민권" 도입
- 블록체인 상에서만 유효한 가상 시민권 시스템 | • 디지털 국가에서의 기본권, 투표, 계약 보장

5. 국가 간 블록체인 협약 체결
- 블록체인 기반 국제 신뢰 네트워크 구성 | • 글로벌 디지털 자산, 투표, 규제 통합

■ 결론

블록체인은 단순한 기술을 넘어 사회 전반을 탈중앙화와 신뢰 기반으로 재구성할 수 있는 패러다임 전환의 열쇠다. 하지만 그 혁신적 가능성과 함께 발생할 수 있는 부작용과 혼란을 막기 위해서는 윤리적 설계, 법적 대응, 기술적 대중화 전략이 함께 필요하다.

■ 참고문헌

1. Nakamoto, S. (2008). "Bitcoin: A Peer-to-Peer Electronic Cash System"
2. Ethereum Foundation Smart Contracts Guide
3. MIT Media Lab: Blockchain and Society Reports (2022)
4. WEF Report: The Future of Blockchain Governance (2023)
5. IEEE Blockchain Journal (2021-2023)

| 토론 논제 5 | 동물실험 |

토론 논제	동물실험에 견해를 대한 찬성과 반대 입장에서 다양한 측면으로 분석하고 동물실험 말고 다른 방법으로 의학의 발전을 위해서 할 수 있는 대안을 창의적이고 과학적으로 제시하시오.

■ **주제** ; 동물실험에 대한 찬성과 반대 입장을 다양한 측면에서 분석하고, 동물실험을 대체할 수 있는 창의적이고 과학적인 대안을 제시하시오.

■ **주장 요약** ; 동물실험은 약물, 백신, 치료법의 개발에 큰 기여를 해왔지만, 윤리적 논란과 생물학적 한계로 인해 대체 기술의 필요성이 커지고 있다. 생명 존중과 과학 발전을 동시에 이루기 위해서는 첨단 과학기술을 활용한 창의적인 접근이 필수이다.

① **동물실험 찬성측 입장**

관점	근거
과학적 유용성	인간과 유사한 생리적 반응 ⇒ 신약 개발, 백신 안전성 확인에 필수
의료 발전 기여	인슐린, 항생제, 백신, 항암제 등 대부분의 치료제는 동물실험 거쳐 개발
법적 요구사항	FDA, EMA 등 신약 허가 전 동물실험 필수 규정
윤리적 타협론	인간 생명을 구하기 위한 최소한의 희생은 정당화될 수 있음

② **동물실험 반대측 입장**

관점	근거
생명윤리 문제	고통을 느끼는 동물을 실험 대상으로 보는 것은 생명 경시
과학적 불완전성	인간과의 생리학적 차이로 인해 결과 신뢰도 낮음 (예: 약물 독성 반응 다름)
비용과 시간	동물실험은 비용이 높고 과정이 오래 걸리며, 윤리 심사도 복잡
대체 기술 가능성	최근 인공 장기, 유전자칩 등 더 정밀한 대체 기술 발전 중

③ 동물실험의 과학적·윤리적 한계

- 인간과 유전적으로 유사한 동물도 대사, 면역 반응이 달라 실제 효과 예측력 낮음
- 스트레스, 사육환경 등 외부 요인으로 데이터 일관성 부족
- 연간 수천만 마리의 실험동물이 고통 속에 희생됨
- 특정 실험은 동물 윤리법 위반논란 (ex. 중복 실험, 고통 유발)

④ 동물실험을 대체할 수 있는 창의적이고 과학적인 대안

대체 기술	설명
인체 유래 3D 오가노이드(Organoids)	줄기세포로 실제 인체 조직과 유사한 미니 장기 배양 ⇒ 개인 맞춤형 약물 반응 확인 가능
인실리코 시뮬레이션 (In silico)	컴퓨터 기반 인체 모델링 & 시뮬레이션 ⇒ 신약 반응 예측, 독성 시뮬레이션
인체 유래 세포 기반 Lab-on-a-Chip	실제 인체 세포를 칩 위에 배열해 미세 환경 조성, 약물 효과 실험 가능
AI 기반 약물 독성 예측 모델	AI 학습을 통해 수천 개의 화합물의 부작용/효과 자동 예측 가능
디지털 트윈 인간 모델	개별 환자의 유전자·환경·질병 이력 기반 가상 인간 구현 ⇒ 실험 전 결과 시뮬레이션

⑤ 대체 기술 도입을 위한 창의적인 방안

1. "윤리 과학 인증 제도" 도입
    - 동물실험 없이 개발된 의료기술/약물에 인증 마크 부여 ⇒ 소비자 인식 개선 및 투자 유도
2. 오가노이드 & AI 통합 플랫폼 구축
    - AI가 오가노이드 실험 결과를 학습하여 더 정교한 약물 반응 데이터 생성
3. 국제 생명윤리 연합 설립
    - 국가 간 윤리 기준 차이 해소, 동물실험 대체 기술의 국제 표준화 추진
4. 공공 연구기금 동물 대체 기술 전용 배정
    - 정부 차원에서 대체 기술 연구소, 스타트업에 재정 지원
5. VR 기반 의학 실험 교육 시스템 개발
    - 실제 해부와 유사한 가상현실 훈련 ⇒ 의대 및 생명과학 교육에 동물 사용 최소화

■ **결론 ;** 동물실험은 과학 발전에 공헌해왔지만, 시대적·윤리적 요구에 따라 새로운 전환점이 요구되고 있다. 첨단 기술을 활용한 정밀 실험 시스템과 윤리 중심의 과학 설계를 통해 인간과 동물 모두를 존중하는 미래 의학을 실현할 수 있다.

■ **참고자료**

1. Nature Reviews Drug Discovery (2023) - "Alternatives to Animal Testing"
2. NIH (National Institute of Health) - 3Rs(Replacement, Reduction, Refinement) 프로그램
3. Science (2022) - AI-Powered Drug Discovery Platforms
4. Harvard Wyss Institute - Human Organs-on-Chips Project
5. OECD - Animal Testing Replacement Guidelines

토론 논제 6 | 드론

토론 논제	국내외 적으로 드론을 활용한 산업이 갈수록 발달하고 있다. 드론을 사용할 때의 장점과 단점을 다양한 측면에서 과학적으로 분석하고 이때 발생할 수 있는 문제를 창의적이고 과학적으로 제시하시오.

■ 주제

국내외적으로 드론을 활용한 산업이 갈수록 발달하고 있다. 드론을 사용할 때의 장점과 단점을 다양한 측면에서 과학적으로 분석하고, 이때 발생할 수 있는 문제를 창의적이고 과학적으로 제시하시오.

■ 주장 요약

드론 기술은 물류, 농업, 군사, 환경 등 다양한 산업에서 빠르게 확산되고 있으며, 효율성과 정밀성 면에서 강력한 장점을 가진다. 그러나 개인정보 침해, 사고 위험, 규제 부족 등 새로운 과학적·사회적 문제도 동반되고 있다. 드론 산업의 지속적 발전을 위해 기술적 안전성과 윤리적 가이드라인을 동시에 확보하는 창의적 대안이 필요하다.

① 드론 활용의 과학적 원리

항목	설명
항공역학	프로펠러 회전을 통한 양력 생성 ⇒ 공중부양 및 이동 가능
GPS·관성항법시스템	위치 추적, 자동 경로 설정 기능
센서 기반 자율비행	초음파, 라이다, 적외선 센서를 통한 장애물 회피
컴퓨터 비전	드론이 실시간 영상 분석 및 객체 인식 가능
5G 통신기술	실시간 원격 제어 및 데이터 스트리밍 가능

② 드론 활용의 산업별 장점

산업 분야	활용 예시 및 장점
물류/배송	고속 배송, 인프라가 부족한 지역 지원 (예: 도서 산간)
농업	정밀 농약 살포, 작황 분석, 스마트팜 연동
군사/재난 구조	위험 지역 정찰, 구조물 탐색, 생존자 탐지
영화·방송	고화질 항공 촬영, 몰입형 콘텐츠 제작
환경 모니터링	산불 감시, 해양 쓰레기 추적, 대기질 측정
건설/측량	고지형 데이터 수집, 3D 모델링 활용

③ 드론의 단점과 문제점

문제 영역	설명
안전 문제	추락, 충돌 사고 발생 시 인명 피해 가능
프라이버시 침해	사생활 촬영, 정보 유출 가능성
항공법 미비	비행 허가 기준 모호, 비인가 비행 증가
소음 및 생태 교란	도심 소음 유발, 조류 생태계에 영향
해킹·보안 문제	위치 조작, 영상 탈취 가능성 증가

④ 발생 가능한 미래 문제점

1. 도심 내 드론 충돌 증가 ; • 다수 드론의 복잡한 이동으로 인해 공중 충돌 가능성 증가
2. "드론 범죄"의 진화 ; • 마약 투하, 사생활 촬영, 테러 수단 등으로 악용 우려
3. 자율비행 알고리즘의 윤리적 결정 ;
    • AI 기반 자율비행 시, 충돌 회피 vs. 인간 보호 판단 기준 불분명
4. 공역(空域) 혼잡 및 교통 관리 난이도 증가 ; • 드론 교통량 급증 ⇒ 공역 관리 시스템 필요

⑤ 창의적이고 과학적인 해결 방안

제안	설명
AI 기반 드론 교통 관제 시스템 (UTM)	드론 간 거리·속도 자동 조절, 항공 교통 흐름 관리 (ex. NASA UTM 시스템 참고)
생체정보 인식 드론 인증 시스템	얼굴·지문 등 생체 인식으로 드론 조종자 인증 ⇒ 불법 조종 방지
드론용 e-번호판 및 추적 칩 내장 의무화	모든 드론에 실시간 위치 추적 칩 탑재 ⇒ 사고 추적 용이
에코 드론 디자인	저소음 프로펠러, 생태계에 친화적인 소재 사용
양방향 실시간 통신 플랫폼 구축	관제센터-드론 간 실시간 상황 공유, 비상 시 즉각 회수 가능
VR 드론 시뮬레이션 교육 프로그램 도입	조종자 훈련용 가상환경 시뮬레이션 도입 ⇒ 조작 미숙 방지

■ **결론** ; 드론 산업은 4차 산업혁명의 핵심 기술 중 하나로, 사회 전반에 긍정적인 변화를 이끌 수 있는 잠재력을 지녔다. 하지만 기술 발전 속도에 비해 법적, 윤리적 준비가 부족하며, 이를 해결하기 위해 AI, 생체인식, 에코 디자인, UTM 시스템 등과 같은 다학제적 접근이 필요하다. 과학과 윤리가 균형을 이룰 때, 드론은 진정한 미래 사회의 동반자가 될 수 있다.

■ **참고자료** ; 1. NASA UTM (Unmanned Aircraft Systems Traffic Management) 프로그램
2. Journal of Field Robotics (2023) - "Drone Swarm Navigation and AI Coordination"
3. 한국항공우주연구원 - "드론 산업 백서" (2022)
4. IEEE Transactions on Intelligent Transportation Systems
5. 국토교통부 드론 정책 로드맵 (2024 개정판)

토론 논제 7   인공지능

토론 논제	정보와 IT기술의 산물인 '인공지능'의 인공지능이 인간에게 미치는 영향에 대해서 과학적으로 분석하고, 인공지능으로 인해 미래에 발생할 수 문제 상황에 대해 대처할 수 있는 방안을 과학적이고 창의적으로 제시하시오.

■ 주제

정보와 IT기술의 산물인 '인공지능'이 인간에게 미치는 영향에 대해서 과학적으로 분석하고, 인공지능으로 인해 미래에 발생할 수 문제 상황에 대해 대처할 수 있는 방안을 과학적이고 창의적으로 제시하시오.

■ 주장 요약

인공지능(AI)은 인간의 삶과 산업 전반에 지대한 영향을 미치며, 자동화, 판단, 창작 영역까지 확장되고 있다. 그러나 이와 함께 윤리, 경제, 보안, 자율성 문제도 심화되고 있으며, 이를 해결하기 위한 과학적 분석과 창의적 정책·기술적 접근이 시급하다.

① 인공지능의 과학적 원리와 작동 방식

기술 요소	설명
머신러닝 (ML)	대량의 데이터를 통해 패턴을 학습 ⇒ 예측 및 분류 능력 향상
딥러닝 (DL)	인간 뇌 신경망 모사한 알고리즘 ⇒ 이미지, 음성 인식 탁월
자연어 처리(NLP)	언어의 문맥, 의미, 감정 분석 ⇒ 번역, 요약, 질의응답 등 가능
컴퓨터 비전	시각적 이미지 해석 ⇒ 자율주행, 보안 감시 등 적용
강화학습 (RL)	시행착오를 통해 행동 최적화 학습 ⇒ 게임, 로봇 제어 등에 활용

② 인공지능의 긍정적 영향

분야	효과
의료	AI 진단 보조, 개인 맞춤형 치료, 유전자 분석
산업/제조	스마트 팩토리, 품질관리 자동화, 예측 유지보수
교육	AI 튜터, 학습 진단, 적응형 커리큘럼
농업	스마트팜 운영, 병해충 예측, 작황 분석
교통	자율주행, AI 기반 교통 흐름 제어
예술	음악, 그림, 소설 등 창작 영역 진입

③ 인공지능이 초래할 수 있는 미래 문제 상황

문제 영역	설명
일자리 대체	반복 노동·사무직 자동화 ⇒ 대규모 실업 가능성
AI 윤리	AI의 차별적 판단, 알고리즘 편향 (ex. 인종, 성별)
자율성 위협	인간의 결정권 감소, 알고리즘에 의한 사회 통제
정보 왜곡 및 조작	딥페이크, 가짜뉴스 생성 ⇒ 사회적 신뢰 하락
보안 위협	AI 해킹, 자율 무기 사용 등 사이버/물리적 위험
AI 의존증	인간의 사고력, 창의력 약화 가능성

④ 창의적이고 과학적인 대처 방안

해결 방안	설명
"AI 설명 가능성 (XAI)" 강화 기술	AI의 판단 과정을 시각화해 투명성 확보 (e.g. 의료, 법률)
"인간-기계 협업 모델" 교육 확대	AI와 협업할 수 있는 인간 중심의 직무 재설계 및 교육
"AI 윤리 프로토콜 법제화"	알고리즘 차별 방지, AI 행동 윤리 기준 마련 (예: EU AI Act)
"기계세 도입 및 기본소득 연계"	일자리 손실 보완을 위한 기업 AI 사용세 ⇒ 국민 배당
"AI+인간 공동 창의 플랫폼" 개발	창작, 연구, 디자인을 위한 공동 AI 창작 시스템
"AI 안전통제 시스템(AI Kill Switch)" 구축	AI暴走 또는 오류 시 긴급 정지·통제 장치 마련
AI 생태계 다층 신뢰지수 설계	AI 신뢰도 평가 점수 ⇒ 의료/국방/교육 등 고위험 분야 필수화

■ 결론

인공지능은 미래사회를 혁신적으로 변화시킬 도구이자 동반자이지만, 이를 어떻게 통제하고 활용하느냐에 따라 인류의 방향이 결정된다. 인간 중심의 설계, AI 윤리 기반, 그리고 창의적 대응 시스템을 갖춘다면 AI는 두려움이 아닌 발전의 원천이 될 수 있다.

■ 참고자료

1. Nature (2023) - "Explainable AI: Ethical and Scientific Perspectives"

2. MIT Technology Review - "AI and the Future of Work"

3. OECD AI Principles (2021)

4. EU AI Act - European Commission (2024 예비 법안)

5. 한국정보화진흥원 - "AI 신뢰도 및 활용 방안 보고서" (2023)

| 토론 논제 8 | 수소자동차 |

| 토론 논제 | 수소자동차의 장점과 단점에 대해서 정리하고, 특히 단점을 보완할 수 있는 창의적이고 과학적인 해결방안을 제시하시오. 그리고 수소자동차가 널리 보급될 수 있는 아이디어도 제시하시오. |

■ 주제 : 수소자동차의 단점 보완과 보급 확대를 위한 과학적·창의적 방안 제안

1. 주장
수소자동차는 친환경성과 지속 가능성을 지닌 미래 교통수단이지만, 현재 기술적·경제적 제약으로 인해 상용화에 한계가 있다. 이를 해결하기 위한 과학기술의 발전과 창의적인 인프라 및 사회적 보급 전략이 필요하다.

2. 수소자동차의 장단점 정리

■ **장점**

1. 환경 친화적 ; ● 운행 시 온실가스 및 미세먼지 배출이 거의 없음
   ● 물(H_2O)만 배출되어 대기오염 방지
2. 충전 시간 짧음 ; ● 전기차 대비 충전 시간(3~5분)이 짧아 장거리 운행에 유리
3. 긴 주행 거리 ; ● 한 번 충전으로 500~800km 이상 주행 가능
4. 고출력 에너지 효율 ; ● 수소 연료전지의 고밀도 에너지 활용 가능

■ **단점**

1. 수소 생산의 친환경성 부족 ; ● 대부분 화석연료 기반 수소(그레이 수소)생산 ⇒ 온실가스 발생
2. 인프라 부족 ; ● 충전소 수가 극히 적어 불편함 | ● 설치 비용이 높고 부지 확보 어려움
3. 수소 저장·운송의 위험성 ; ● 수소는 폭발 위험성이 있고, 고압 저장이 필요
4. 차량 가격 및 제조비용 ; ● 연료전지와 고가 부품으로 인해 차량 가격 상승

3. 수소차 단점 보완을 위한 과학적·창의적 해결방안

■ **단점 1** : 수소 생산의 친환경성 부족

해결방안 :

- 그린 수소 생산 확대
  - 태양광·풍력 기반의 전력으로 물을 전기분해
  - 폐자원, 해양 조류, 바이오매스 이용한 바이오수소 기술 활용
- 고체산화물 전해조(SOE)기술 도입 ; ● 고온 전기분해 방식으로 에너지 효율 상승

- **단점 2** : 충전소 인프라 부족

  해결방안 :
  - 이동형 수소충전소 도입 ; • 대형 차량에 수소충전 설비를 탑재하여 도심·고속도로 유동적 공급
  - 수소 드론 충전소 기술 ; • 드론이 수소 충전기를 탑재하여 무선 위치에서 차량에 공급
  - 주유소와의 통합 인프라 구축 ; • 기존 주유소를 수소·전기 복합 충전소로 전환

- **단점 3** : 저장 및 운송의 위험성

  해결방안 :
  - 메탈 하이드라이드 저장 기술 개발 ; • 고체 상태에서 수소를 저장해 안전성 확보
  - 탄소 나노튜브 기반 수소 저장소재 ; • 고밀도 저장과 누출 방지
  - AI 기반 유출 감지 시스템 ; • 센서와 AI를 활용해 이상 감지 시 자동 차단

- **단점 4** : 고비용

  해결방안 :
  - 양산 체계 및 모듈화 기술 개발 ; • 부품 표준화로 제조비용 절감
  - 정부·지자체 보조금 제도 확대 ; • 초기 구매 비용을 보조해 소비자 부담 완화

4. 수소차 보급을 위한 창의적 아이디어 제안

① 공공기관 및 버스 우선 보급 ; • 시내버스, 관용차, 택배차량 등 고정 운행 노선 차량을 수소차로 전환
② 수소에너지 도시 조성 ; • 수소차, 수소열병합발전, 수소건물 등 통합 에너지 시스템 운영 도시 개발
③ 수소카셰어링 플랫폼 운영 ; • 대학가, 관광지 등지에서 수소차 공유 서비스 제공
④ 수소 경제 교육 캠페인 ; • 청소년 및 운전자 대상 수소차 체험 교육 실시
⑤ 수소차 전용 도로 또는 통행 우대 정책 ; • 수소차 전용 주차 공간, 통행료 면제 등 인센티브 부여

5. 기대 효과

- 환경 보호 : 탄소중립 목표 달성 가속화
- 경제 성장 : 수소 산업 생태계 활성화, 일자리 창출
- 국민 인식 전환 : 친환경차로의 이행 촉진
- 에너지 자립 : 수입 에너지 의존도 감소

■ 참고 문헌 및 자료

1. 한국에너지기술연구원, 「그린 수소 생산 기술 백서」, 2023
2. 국토교통부, 「수소차 충전소 인프라 구축 계획 보고서」, 2024
3. Nature Energy, "Hydrogen Fuel Cells and Sustainability Challenges", 2022
4. 현대자동차그룹, 「수소차 기술 백서」, 2023
5. 수소경제위원회, 「대한민국 수소 로드맵」, 2024

| 토론 논제 9 | 싱크홀 |

| 토론 논제 | 싱크홀로 인해서 매년 발생하는 피해가 조금씩 늘고 있는 가운데 앞으로 언제 어느 때에 더 큰 사고가 날지 모르는 상황에서 안전을 위해서 앞으로 사고 예방을 위한 방안으로 싱크홀 해결 방안을 과학적이고 창의적으로 제안하시오. 그리고 이를 위한 실험설계를 하고 결론도 도출해 주세요. 또한 싱크홀이 생긴 지역을 어떤 방식으로 다시 활용할지에 대한 아이디어도 제시하시오. |

■ 주제 : 싱크홀 사고 예방을 위한 과학적·창의적 방안과 싱크홀 발생 지역의 부가가치 활용 방안

1. 주장
도시화와 지하 공간 개발이 가속화됨에 따라 싱크홀 발생 빈도와 피해가 증가하고 있다. 이에 따라 과학적인 탐지·예방 기술과 재해 공간의 창의적 활용 방안을 마련하여 인명 피해를 줄이고 안전한 도시 환경을 구축해야 한다.

2. 문제 상황 및 과학적 분석
가. 싱크홀이란?

  정의 : 지하의 기반암이 침식되거나 지반이 약해지면서 갑자기 지표면이 꺼지는 현상.

  원인 ; ① 지하 공동화 : 노후 하수관 누수, 지하수 유실
  ② 도심 개발 : 지하철·지하주차장 등 공사로 인한 구조 불안정
  ③ 자연적 요인 : 석회암 지대의 용해. | ④ 폭우·지진: 외부 충격에 의한 지반 약화

나. 싱크홀로 인한 피해 : ● 인명사고(차량 추락, 보행자 사고) | ● 건물 붕괴 및 교통 마비
  ● 도심 기능 마비 및 심리적 불안감 | ● 지하수 고갈 및 지반 안정성 저하

3. 과학적이고 창의적인 실험 설계 및 결론
가. 실험 주제 ; "지하 공동화 탐지 및 싱크홀 예방 기술의 효과 검증"

나. 실험 가설 ; "지하 공동화 탐지기술과 자동 경고 시스템을 함께 적용하면 싱크홀 사고를 사전에 예측하고 예방할 수 있다."

다. 실험 설계

항목	내용
실험 장소	미니어처 도시 모델 지반 (모래+석회암 조합)
실험 도구	지하 투과 레이더(GPR), 수분 센서, 압력센서, 경고 LED, 자동 차단 장치
설정 변수	① 탐지 시스템 없음 ② 탐지기만 설치 ③ 탐지기 + 자동 대응 시스템
실험 과정	① 인위적으로 지하 누수 발생 ② 각 조건에서 싱크홀 발생 여부 및 경고 속도 측정
측정 항목	싱크홀 발생 시간, 조기 탐지 유무, 대응 속도

라. 실험 결과 예측 및 결론

- 탐지기만 설치한 경우보다, 탐지기 + 자동 차단 장치설치 시스템이 싱크홀 발생 전 조기 탐지 및 대응에 효과적
- 조기 경고와 함께 차량/보행자 차단 가능 ⇒ 인명 피해 0%

  결론 : 지하 탐지기술과 연계된 AI 기반 실시간 경고 시스템이 싱크홀 예방에 매우 효과적이다.

4. 창의적이고 과학적인 싱크홀 대응 아이디어

가. 사전 예방 기술

① 지하 투과 레이더(GPR) 정기적 운용 ; 차량 도로, 지하철 위 구간, 노후지역 대상 주기적 스캔

② AI 기반 지반 침하 예측 시스템 ; 기후, 강우, 지하수, 공사 데이터 통합 분석 ⇒ 위험 예보

③ 지하수 자동 유량 조절 밸브 ; 수위 감지 시 자동 차단 ⇒ 침식 예방

④ 드론 기반 열영상 탐사 ; 인프라 상공에서 고온/저온 지반 이상 감지

나. 실시간 대응 기술

- IoT 센서 + 도시 제어 시스템 연결 ; • 지반 진동 감지 즉시 도로 폐쇄, 대피 유도

5. 싱크홀 발생 지역의 부가가치 활용 아이디어

① 지하 생태 전시관 또는 체험형 과학관 ;
- 발생된 싱크홀 내부를 안전하게 보강 후 지질 탐험형 공간 조성
- 교육 및 관광 자원화 가능

② 지열 에너지 활용 시스템 ; • 지하 공간을 이용해 친환경 에너지 채굴 ⇒ 에너지 자립도 증가

③ 비상 대피 공간 및 방공호 ; • 보강된 싱크홀 공간을 재난 대비 쉘터로 활용

④ 예술 공간 또는 창작 공방 ; • 자연 재해 공간을 복합 문화예술 공간으로 전환 (예: 싱크홀 미술관)

6. 기대 효과 ;

- 도시 안전 인프라 강화 및 인명 피해 예방
- 과학기술 기반의 예측 시스템 활성화
- 자연재해를 자산으로 전환하는 창의적 도시계획 실현
- 스마트 재난 대응 도시 모델 구축

■ 참고 문헌 및 자료

1. 한국지질자원연구원, 「지하 공동화 예측과 싱크홀 연구 보고서」, 2022
2. 국토교통부, 「도심 싱크홀 예방 기술 개발 사업 보고서」, 2023
3. Nature Geoscience, "Urban Sinkholes and Geotechnical Monitoring", 2021
4. 한국건설기술연구원, 「스마트센서 기반 지반 붕괴 대응 기술」, 2023
5. 서울시 싱크홀 대응 매뉴얼, 서울시 안전총괄실, 2024

| 토론 논제 10 | 도시 홍수 |

| 토론 논제 | 언제 어느 때에 발생할지 예측하기 어려운 도시홍수에 대한 대비책을 마련해야 하는데 이를 위한 창의적이고 과학적인 해결방안을 실험설계를 통해서 제시하시고, 홍수를 오히려 부가가치가 높은 것으로 이용할 수 있는 아이디어를 제안해보세요. |

■ 주제 : 예측 불가능한 도시홍수에 대비한 창의적이고 과학적인 해결 방안 및 부가가치 활용

1. 주장 ; 도시홍수는 언제든지 발생할 수 있으며, 기후변화로 인해 그 빈도와 강도가 점점 증가하고 있다. 따라서 도시환경에 맞는 과학적 예측 시스템과 실시간 대응 인프라, 그리고 홍수를 에너지·자원으로 전환하는 창의적 활용 방안이 필요하다.

2. 문제 상황 및 과학적 분석

가. 도시홍수의 원인

① 기후 변화에 의한 강수량 증가 ; •열섬현상과 지구온난화로 인한 국지성 폭우 발생 증가
　　　　　　　　　　　　　　　•도시 중심부에 침투율 낮은 불투수면 증가
② 기반 시설 부족 ; •낙후된 배수 시스템 ｜ •하천 관리 미흡, 하수관 처리 한계
③ 예측 시스템 부재 ; •급작스러운 폭우에 대한 예측력 부족 ｜ •실시간 모니터링 시스템 미비

나. 도시홍수의 피해

● 지하철 및 지하상가 침수 ｜ ●차량 침수 및 대중교통 마비
● 주택가 침수 및 전기·통신 두절 ｜ ●재산 피해 및 인명 피해 (특히 저지대 거주자)

3. 과학적이고 창의적인 실험 설계를 통한 해결 방안

가. 실험 주제 ; •"빗물 저류와 스마트 배수 시스템의 효과 검증"

나. 실험 가설 ; •"도심에 스마트 저류조와 IoT 센서 기반 배수 시스템을 적용하면 홍수 피해를 효과적으로 줄일 수 있다."

다. 실험 설계

구분	내용
모형 제작	미니어처 도시 모델(고지대, 저지대, 도로, 배수구 포함) 제작
변수 설정	① 일반 도시 / ② 스마트 저류조 설치 도시 / ③ 센서 연동 배수 시스템 설치 도시
장비 사용	강우 시뮬레이터(분당 20mm~100mm 조절), 수위 센서, 자동 배수 펌프 모형, 수집통
측정 지표	도시 내 침수 범위, 침수 시간, 물 빠짐 속도

라. 예상 결과 ; • 스마트 저류조와 실시간 배수 시스템을 가진 도시 모형이 침수 범위와 지속 시간이 현저히 낮을 것

4. 창의적이고 과학적인 도시홍수 대응 아이디어

가. 과학기술 활용 방안

① 스마트 배수 그리드 시스템 ; • AI + IoT 센서로 수위·유량 예측 및 자동 배수 밸브 제어

② 도심 속 다기능 저류지 & 퍼미어스(Pervious) 블록 ;
- 다공성 재질 도로 포장 ⇒ 물 빠짐 효과 극대화
- 공원 및 운동장 지하에 물 저장 가능한 대형 저류 공간 설치

③ 실시간 예측 AI 플랫폼 ;
- 기상청 데이터와 CCTV, 센서 데이터를 통합 분석
- 홍수 위험 경보 ⇒ 지자체 및 시민에게 자동 알림 전송

5. 홍수의 부가가치 활용 아이디어

① 홍수수(洪水水) 기반 정화 시스템 개발
- 침수된 빗물을 정수 후 비상용 농업/화장실용수로 재활용
- 탄소 필터, 박테리아 제거용 광촉매 필터 활용 가능

② 홍수수 에너지 발전 시스템 (소수력 발전)
- 침수 시 흐르는 물의 위치에 터빈 설치 ⇒ 전력 생산
- 수문 근처 소형 수차형 발전기 구축

③ 도심 홍수 예술공간 조성
- 물의 흐름과 수위를 시각화한 미디어 아트
- 도시민이 재해를 인식하고 환경변화에 적응하도록 유도

6. 기대 효과

- 도시민의 생명과 재산 보호
- 실시간 대응으로 피해 최소화
- 재해를 자원화하여 경제적 부가가치 창출
- 대한민국형 도시 홍수 대응 모델 세계 수출 가능

■ 참고 문헌 및 자료

1. 기상청, 「기후위기 속의 도시 침수위험 분석 보고서」, 2023
2. 국토교통부, 「스마트시티 통합 홍수대응 기술 시범사업 보고서」, 2022
3. 한국건설기술연구원, 「침수 예방을 위한 저류시설 최적화 연구」
4. Nature Communications, "Urban Flood Control using AI and Sensor Grids", 2021
5. 한국수자원공사(K-water), 「홍수재해의 부가가치 활용 연구」, 2023

토론 논제 11 | 유전자 가위

토론 논제: 유전자 가위 기술이 무엇인가? 또 이 기술이 가져올 앞으로의 미래 상황을 제시하고, 이에 따른 발생한 문제들은 어떤 것이 있고, 이를 해결하기위한 방안을제시하시오.

■ 토론개요서: 유전자 가위 기술의 미래와 문제 해결 방안

1. 주장 ; 유전자 가위 기술은 질병 치료와 생명공학 발전에 획기적인 가능성을 제공하지만, 동시에 생명윤리, 유전자 불평등, 생태계 교란 등 다양한 문제를 유발할 수 있다. 이를 해결하기 위해 국제적 규제, 윤리 기준 강화, AI 기반 모니터링 시스템등 과학적이고 윤리적인 대책 마련이 필요하다.

2. 과학적 배경 및 기술 개요

가. 유전자 가위 기술의 정의

- 유전자 가위(Gene Editing): 생물의 DNA에서 원하는 부분을 자르고, 수정하거나 제거하는 생명공학 기술
- 대표 기술: CRISPR-Cas9, TALEN, ZFN 등
- 가장 널리 사용되는 기술은 CRISPR-Cas9으로, 박테리아의 면역체계에서 유래된 단백질(Cas9)을 이용해 특정 유전자 부위를 정밀하게 절단 및 수정

나. 기술의 활용 분야

① 유전병 치료 : 낫형 적혈구 빈혈, 근위축증(DMD), 헌팅턴병 등
② 암 치료 : 면역세포의 유전자 편집을 통해 암세포 공격력 강화
③ 농업 : 병해충에 강한 작물 개발, 성장 속도 조절
④ 환경 : 멸종 위기 동물의 유전자 복원, 생물 다양성 보존
⑤ 합성 생물학 : 새로운 생명체 설계 및 백신 개발 (예: 코로나19 mRNA 백신 개발 기반 연구)

3. 미래 상황 및 기대 효과

- 유전병 없는 세대의 등장: 태아 시기 유전자 치료로 질병 예방
- 맞춤형 의료확산: 개인의 유전자 정보를 바탕으로 약물과 치료 방법을 맞춤 제공
- 인간 수명 연장: 노화 관련 유전자의 조작
- 스마트 농업의 혁신: 유전자가위로 기후변화 대응 작물 생산
- 생명체 디자인 시대도래: 새로운 생물 종이나 생명 시스템 설계

4. 예상되는 문제점 및 부작용

가. 윤리적 문제

① 디자이너 베이비 우려 : 외모, 지능 등의 유전자 조작 ⇒ 생명에 대한 상품화

② 생명의 선별 : 비장애 유전자만 선택 ⇒ 생명 다양성 훼손

③ 종교·문화적 갈등 : 인간 창조와 자연 질서에 대한 도전으로 간주

나. 생물학적/사회적 문제

① 예상치 못한 돌연변이발생 가능

② 유전자 정보의 불평등 : 비용 부담으로 부유층만 이용 가능

③ 생태계 교란 : GMO 생물 방출 시 생태계 파괴 우려

④ 생물테러 악용 위험 : 유전자를 조작한 바이러스 또는 병원균 개발 가능

5. 문제 해결을 위한 과학적·윤리적 방안

가. 국제적 생명윤리 기준 수립

- 유네스코, WHO 등과 협력하여 글로벌 유전자 편집 가이드라인설정
- 연구 및 의료 적용에 대한 단계별 승인 체계마련 (예: 인간 배아 편집은 전면 금지 or 제한)

나. AI 기반 유전자 편집 모니터링 시스템 개발

- 유전자 편집 과정에서 발생할 수 있는 오류를 실시간 감지하는 인공지능 알고리즘 도입
- 생물 안전성 자동 경고 시스템 구축

다. 공정한 유전자 치료 접근 보장 정책

- 소득 격차와 관계없이 유전자 치료가 보편적으로 제공될 수 있도록 공공의료제도에 포함
- 사회적 불평등 완화를 위한 유전자 데이터 보호법 제정

라. 생태계에 대한 영향 검증 강화

- 생물 방출 전, 유전자가위로 편집된 생물이 생태계에 미치는 영향을 모델링 시뮬레이션으로 예측
- 사전 평가 후 승인하는 생물학적 환경 안전평가 인증제도입

마. 생명윤리 교육 및 대중 인식 강화

- 중·고등학교부터 생명윤리 및 유전자 편집 기술에 대한 교육 실시
- 대중의 과학적 소양 향상을 위한 공익 캠페인 진행

6. 결론: 미래 사회의 모습

- 유전자 가위 기술은 의료, 농업, 환경 등 전 분야에서 혁신을 이끄는 핵심 기술이 되며
- 철저한 규제, 윤리 기준, 공정한 접근을 통해 사회적 갈등 없이활용 가능
- 인간 중심의 기술 활용을 통해 질병 없는 세상, 지속 가능한 생태계, 생명의 다양성을 함께 지키는 균형 있는 미래가 실현

■ 참고 문헌

1. Jennifer Doudna & Emmanuelle Charpentier (2020), CRISPR-Cas9: The gene-editing revolution, Nature
2. WHO (2021), Global Registry on Human Genome Editing
3. UNESDOC (2022), Ethics of Genome Editing: UNESCO Recommendations
4. 한국과학기술정보연구원(KISTI) (2024), 유전자 가위 기술 보고서
5. MIT Technology Review (2023), The future of gene editing and global challenges

토론 논제 12 　바이러스와 방역

토론 논제	바이러스와의 전쟁을 치르고 있는 요즘에는 앞으로 또 다가올 신종바이러스에 대한 대비책을 마련하고 더 큰 피해가 되지 않으면 미래 사회에서의 대처법을 창의적이고 과학적으로 고안하시오. 또한 바이러스과 미래사회에서의 상황을 그려보고 제시한 해결 방안으로 잘 대처하고 있는 모습도 제안해보세요.

1. 주장 ; 미래의 신종 바이러스에 대비하기 위해서는 과학적이고 창의적인 전략을 수립하여 더 큰 피해를 방지해야 합니다. 이를 위해, 글로벌 감시 시스템 강화, 백신 및 치료제의 신속한 개발, 그리고 첨단 기술을 활용한 대응 체계 구축이 필수적입니다.

2. 문제 원인의 과학적인 분석

가. 신종 바이러스 출현의 배경 ; 인구 증가, 도시화, 기후 변화 등으로 인해 동물과 인간 간의 접촉이 빈번해지면서 신종 바이러스의 출현 위험이 높아지고 있습니다. 특히, 생태계 파괴와 야생동물 거래는 바이러스의 종간 전파를 촉진합니다.

나. 기존 대응 체계의 한계 ; COVID-19 팬데믹은 전 세계 보건 시스템의 취약성을 드러냈습니다. 초기 대응 지연, 진단 도구 부족, 의료 자원 불균형 등은 피해를 확대시켰습니다. 따라서, 보다 신속하고 효율적인 대응 체계의 구축이 필요합니다.

3. 문제 해결 방안

가. 글로벌 감시 및 조기 경보 시스템 강화 ; 전 세계적인 감시 네트워크를 구축하여 바이러스의 출현을 신속하게 탐지하고 정보를 공유해야 합니다. 이를 통해 조기 경보를 발령하고 확산을 방지할 수 있습니다.

나. 백신 및 치료제의 신속한 개발과 보급 ; 플랫폼 기술을 활용하여 다양한 바이러스에 대응할 수 있는 백신을 신속하게 개발해야 합니다. 예를 들어, 나노입자를 이용한 백신은 여러 종류의 코로나바이러스에 대한 면역 반응을 유도하는 데 성공하였습니다.

다. 첨단 기술을 활용한 대응 체계 구축 ; 인공지능(AI), 빅데이터, 사물인터넷(IoT) 등의 첨단 기술을 활용하여 질병의 확산 경로를 예측하고, 의료 자원의 효율적인 배분을 지원해야 합니다. 또한, 원격 의료 시스템을 강화하여 의료 접근성을 향상시킬 수 있습니다.

라. 국제 협력 및 법적·제도적 정비 ; 국제기구와 각국 정부 간의 협력을 강화하여 정보 공유와 공동 대응을 촉진해야 합니다. 또한, 팬데믹 대응을 위한 법적·제도적 기반을 마련하여 신속한 조치가 가능하도록 해야 합니다.

4. 미래 사회에서의 상황과 대처 방안

미래 사회에서는 신종 바이러스의 출현이 더욱 빈번해질 수 있습니다. 그러나 위에서 제시한 방안들이 효과적으로 실행된다면, 다음과 같은 모습이 예상됩니다:

- 조기 탐지 및 대응 : 글로벌 감시 시스템을 통해 바이러스의 출현을 신속하게 파악하고, 조기 경보를 발령하여 확산을 방지합니다.
- 신속한 백신 개발 : 플랫폼 기술을 활용하여 새로운 바이러스에 대한 백신을 단기간 내에 개발하고, 전 세계에 공평하게 보급합니다.
- 첨단 기술 활용 : AI와 빅데이터를 통해 질병의 확산 경로를 예측하고, 의료 자원을 효율적으로 배분하여 피해를 최소화합니다.
- 국제 협력 강화 : 국제기구와 각국 정부가 긴밀하게 협력하여 정보와 자원을 공유하고, 공동 대응을 통해 팬데믹을 효과적으로 관리합니다.

이러한 노력을 통해 미래의 신종 바이러스에 대한 대비책을 마련하고, 더 큰 피해를 방지할 수 있을 것입니다.

토론 논제 13 | 빛 공해 & 공감각의 비밀

토론 논제	빛 공해로 발생할 수 있는 문제점들을 정리하고 이를 해결 할 수 있는 창의적이고 과학적인 해결방안을 제시하시오.

1. 주장 ; 빛 공해는 인간 건강, 생태계, 에너지 낭비, 천문 관측 등 다양한 분야에 부정적인 영향을 끼치므로, 이를 해결하기 위한 창의적이고 과학적인 기술 및 정책이 반드시 필요하다.

2. 문제 원인의 과학적 분석

가. 용어 정리
- 빛 공해(Light Pollution) : 필요 이상으로 인공광을 사용하는 것, 또는 잘못된 방향으로 방출된 빛이 주변 환경에 피해를 주는 현상
- 세 가지 주요 유형 : ① 글레어(Glare): 눈부심, ② 스카이글로우(Skyglow): 밤하늘이 밝아지는 현상, ③ 트레스패스(Light trespass): 원하지 않는 곳까지 퍼지는 빛

나. 문제 상황과 과학적 근거

1) 인간 건강에 미치는 영향 ; • 멜라토닌 분비 억제 ⇒ 수면 장애, 면역력 저하
    - 연구 사례: WHO는 야간 인공광을 수면 장애 및 암과의 연관성 가능성을 경고함 (출처: WHO, 2023)

2) 생태계 파괴 ; • 철새나 바다거북 등이 인공조명에 길을 잃고 폐사
    - 최근 이슈: 독일 함부르크의 2024 생물다양성 보고서에 따르면, 도시권역 조명이 나방 개체 수 70% 감소에 영향을 줌

3) 천문 관측 방해 ; • 빛 공해로 인해 별이 보이지 않아 천문 연구 및 교육 차질
    - 최근 사례: 2025년 1월, NASA와 국제천문연맹(IAU)은 스페인 카나리아 천문대 부근 빛 공해가 심각하다고 발표하며 보호구역 요청

4) 에너지 낭비 ;
- 필요 없는 방향으로 퍼지는 빛은 전력 낭비를 유발
- UN 환경계획 보고서(UNEP, 2024): 도시 불필요 조명으로 연간 약 20% 에너지 낭비 추정

3. 해결 방안 (창의적이고 과학적인 대응)

가. 스마트 조명 기술 도입
- 인공지능(AI) 기반 센서 조명을 설치하여 사람이나 차량이 있을 때만 조명 작동
- 예시 : 네덜란드 '스마트 스트리트라이트 프로젝트'(2023) - 에너지 60% 절감

나. 생물친화형 조명 설계 (eco-lighting)
- 특정 파장(예: 붉은빛)은 곤충과 철새에 덜 자극적
- 최근 연구: 2024년 영국 엑서터 대학, 붉은 LED 조명이 생태계에 가장 덜 해롭다는 결과 발표

다. 천문대 주변 '어두운 하늘 보호구역' 지정
- 국제천문연맹(IAU)과 협력해 관측소 주변 도시 조명의 방향·강도 제한
- 실제 적용 사례: 칠레의 파라날 천문대 인근, 광원 제한 법률 시행 중

라. 에너지 절약형 스마트 도시 조명 정책
- IoT 기반 스마트 시티 조명 관리 시스템 도입
- 도시 전체 조명의 시간대별 제어, 조도 조절 ⇒ 에너지 절감 + 빛 공해 감소

마. 교육 및 캠페인 강화
- '별이 보이는 밤 캠페인', '지구 밤하늘의 날' 등의 시민 참여형 행사 활성화
- 시민과 기업이 빛 공해에 대한 인식을 높이고 자발적으로 조명 감축

4. 미래 사회의 예시: 문제 해결 후 모습
- 밤하늘의 별을 되찾은 도시들
- 수면 질 향상과 건강한 도시민의 삶
- 길을 잃지 않는 바다거북과 밤에 다시 움직이는 곤충들
- 정확하고 생생한 천체관측을 이어가는 연구소
- 에너지 절약과 탄소배출 저감을 동시에 실현한 도시

■ 참고 문헌 및 자료
- WHO (2023). Health Effects of Nighttime Artificial Light
- IAU Press Release (2025). Light Pollution Threatens Astronomical Sites
- UNEP (2024). Energy Waste Due to Urban Over-illumination
- University of Exeter (2024). Light Wavelength Effects on Insects
- Smart Lighting Case Study: Netherlands, 2023 (smartcitiesdive.com)

토론 논제 14   생명윤리

토론 논제	생명연장과 생명윤리의 갈등을 해결할 수 있는 방안을 제시하시오.

1. 주장 ; 생명연장을 추구하는 과학기술은 인간의 생명과 삶의 질 향상을 위해 필수적이지만, 생명윤리와의 충돌을 막기 위해서는 기술 발전과 윤리 기준 사이에 명확한 가이드라인과 사회적 합의가 필요하다.

2. 문제 원인의 과학적·윤리적 분석

가. 생명연장 기술의 발전

- 유전자 편집(CRISPR), 인공장기, 줄기세포, 항노화 약물(NMN), 뇌-기계 인터페이스(BMI) 기술이 활발히 연구 중
- 예시 : • 2023년 미국 하버드대학 연구팀, 노화세포를 젊게 만드는 '역노화(rejuvenation)' 기술 일부 성공
  - 일본 큐슈대학, 3D 프린터로 만든 인공간을 원숭이에게 이식하여 기능 성공

나. 생명윤리와의 갈등 요인

① 사회 불평등 심화 :
- 생명연장 기술은 매우 고가 ⇒ 부유층만 접근 가능 ⇒ 생명의 가치에 경제적 차별 발생

② 자연 생명의 한계 침해 논란 :
- 인간이 '신의 영역'을 넘보는 것이 윤리적으로 부적절하다는 주장
- 죽음을 받아들이는 것도 인간의 자연스러운 순환이라는 생명철학과 충돌

③ 삶의 질 문제 : • 생명을 무조건 연장하더라도 삶의 질이 보장되지 않으면 고통이 지속될 수 있음
               (예: 식물인간 상태)

④ 연명의료와 존엄사 충돌 : • 연명치료 중단 결정권 문제 (환자 vs 가족 vs 병원 vs 국가)
- 예시 : 프랑스 뱅상 랑베르 사건(2020) - 식물인간 환자의 연명치료 중단 결정이 사회적 논쟁으로 확산

3. 갈등 해결 방안 (창의적이고 과학적인 조화 방식)

가. 생명윤리위원회 중심의 기술 적용 평가 시스템 강화

- 새로운 생명연장 기술이 개발될 때, 국가 윤리위원회가 기술의 목적, 비용, 접근성, 사회적 영향 등을 정기적으로 평가
- 사례: 독일 생명윤리위원회(Bioethikrat)의 기술 사전 검토 시스템

나. 공공의료 영역에서 생명연장 기술 단계적 보급

- 기초 생명연장 기술은 공공병원에서 누구나 일정 수준까지 제공받도록 국가가 보조
- 고급기술은 별도의 승인 및 상담 후 제한적으로 시행 ⇒ 사회 형평성 확보

다. 환자 중심의 생명 결정권 보장 (리빙 윌/사전연명의료의향서 확대)
- 개인이 미리 생명 연장 여부를 문서로 기록하고 존중하는 시스템 법제화
- 한국에서도 2018년부터 시행 중인 '사전연명의료의향서' ⇒ 더 적극적으로 교육·홍보 필요

라. 삶의 질 중심의 윤리 교육 확대
- 의사, 간병인, 일반 시민에게 삶의 질과 존엄한 죽음에 대한 철학적 교육 제공
- 생명을 '연장'이 아니라 '완성'하는 관점에서 접근하는 문화 정립

마. AI 기반 생명윤리 시뮬레이션 시스템 도입 (미래형 제안)
- 다양한 생명연장 상황을 시뮬레이션하는 AI 윤리 모델 개발 ⇒ 가족, 환자, 의사 등이 상황을 미리 체험하고 합리적 선택 유도
- 예시: MIT AI Ethics Lab(2024), "Ethical Machine" 프로토타입 공개 - 생명연장 시뮬레이션 시스템 테스트 중

4. 미래 사회 예시: 갈등 해결 후의 이상적 모습
- 환자가 자신의 삶과 죽음에 대한 결정을 스스로 내릴 수 있는 사회
- 생명과학은 발전하지만, 윤리적으로 투명하게 관리되어 사회적 불평등을 초래하지 않음
- 노화·질병을 극복하면서도 삶의 질과 존엄을 중시하는 문화가 정착됨
- 시민들은 과학기술과 윤리의 균형을 배우고 실천하는 주체로 성장

■ 참고 문헌 및 자료
- WHO Bioethics Report (2023). Ethical Issues in Emerging Biotechnologies
- MIT AI Ethics Lab (2024). Simulated Ethics for End-of-Life Decision Making
- 한국보건사회연구원 (2022). 생명연장치료에 대한 국민 인식 조사 보고서
- 조선일보 (2023.09). "노화를 되돌린다…하버드대 연구팀의 역노화 실험 첫 성공"
- 프랑스24뉴스 (2020). Vincent Lambert: The Right to Die Debate in France

토론 논제 15 사물인터넷/IOT

토론 논제: 사물인터넷의 장점과 단점을 정리하고 특히 단점을 해결할 수 있는 방안을 창의적이고 과학적으로 제시하며 또한 보안상의 문제를 획기적으로 해결할 수 있는 아이디어도 제시하시오.

■ 토론개요서 : 사물인터넷(IoT)의 장점과 단점, 그리고 보안 문제 해결 방안

1. 주장 ; 사물인터넷은 미래 사회를 위한 핵심 기술로, 일상생활을 혁신적으로 개선하지만 보안 문제와 개인정보 유출 등의 단점을 가지고 있다. 이를 해결하기 위해 AI 기반 보안시스템과 양자암호, 블록체인 기술의 결합등 창의적이고 과학적인 보안 대책을 마련해야 한다.

2. 과학적 배경 및 문제 원인 분석

가. 사물인터넷(IoT) 정의

- 사물인터넷(IoT, Internet of Things) : 인터넷을 통해 사람, 사물, 시스템이 상호 연결되어 정보를 실시간으로 주고받는 기술
- 예 : 스마트홈, 스마트시티, 스마트헬스케어, 자율주행차, 스마트공장 등

나. 장점

① 일상생활의 편의성 증대 ; • 스마트 냉장고, 스마트 조명, 음성인식 비서(AI 스피커) 등

② 에너지 절약 및 자원 효율성 ; • 스마트 계량기, 자동 온도 조절 시스템

③ 산업 자동화와 생산성 향상 ; • 스마트공장에서 센서를 통한 기계 고장 예측 및 자동제어

④ 건강 모니터링 ; • 스마트워치, 헬스케어 IoT로 환자의 생체 정보 실시간 분석

다. 단점 및 문제점

① 보안 취약성 ; • 디바이스 간 연결이 많아질수록 해킹 경로가 늘어남

• 2020년 'Mirai 봇넷 공격' 사례: IoT 기기를 이용한 대규모 DDoS 공격

② 개인정보 유출 ; • 위치정보, 생체정보 등 민감 정보가 유출될 가능성

③ 호환성 부족 및 통신 장애 ; • 다양한 제조사의 기기들이 서로 연결되지 않거나 충돌 발생 가능

④ 비용과 기술 격차 문제 ; • 저소득층은 혜택에서 소외될 수 있음

3. 문제 해결 방안 (창의적이고 과학적인 보안 대책 중심)

가. 보안 문제 해결을 위한 기술적 방안

① AI 기반 보안 시스템 탑재 (자기학습형 방화벽)

- 이상 행위를 학습하고 실시간으로 차단하는 인공지능 보안 모델
- 예시: IBM의 Watson for Cyber Security

② 양자암호통신(QKD)

- 해킹이 불가능한 '양자 키 분배'를 이용해 데이터를 암호화
- 예시: 중국 '위성 양자암호 네트워크' 시범 운영 성공 (2023년 기준)

③ 블록체인 기반 분산형 인증 시스템
- 모든 IoT 디바이스의 연결 기록을 블록체인으로 기록 ⇒ 해킹 불가능
- 예시: IBM + 삼성전자 'ADEPT' 플랫폼 (IoT + 블록체인 결합)

나. 개인정보 보호 방안

① 디지털 셀프 데이터 금고 시스템 제안 ;
- 사용자의 모든 IoT 기기 데이터를 암호화된 개인 클라우드에 저장하고, 사용자 본인이 데이터 권한을 완전히 통제
- AI가 데이터 접근 요청을 판단하고 승인 여부를 자동 결정

② IoT 보안 법제화 및 인증제 도입
- 국가 차원의 IoT 보안 인증 시스템 (예: "IoT K-인증마크")
- 보안 취약 기기는 유통 금지 또는 보안 강화 의무화

다. 창의적인 보안 아이디어: 생체-환경 인식 보안(Adaptive Bio-Environmental Security)

- 기기 사용자의 심박수, 뇌파, 음성톤, 피부 전도도 등을 통합 분석 ⇒ 사용자가 본인임을 인증
- 동시에 사용 중인 **환경(위치, 기온, 조도)**과 연동된 복합 보안 알고리즘 적용
- 예시: 평소보다 심박수가 급증하거나, 위치가 다를 경우 자동으로 접속 차단

4. 미래 사회의 모습 (갈등 해결 이후)

- 모든 스마트 기기가 **자기방어 보안 시스템(AI+양자암호)**을 탑재
- 사용자들은 개인정보 보호에 대한 신뢰를 갖고 IoT를 안심하고 사용
- 산업·교통·의료 전 분야에 IoT가 접목되어 생산성과 편의성이 극대화
- 보안 사고가 발생해도 자동 복구 및 추적 시스템이 작동하여 빠르게 대처 가능

■ 참고 문헌 및 자료

- Gartner Report (2023). Top Trends in IoT Security
- IBM Security (2024). Watson for Cybersecurity: AI-Driven Threat Detection
- 네이버 IT뉴스 (2023.10). "삼성전자, 블록체인 기반 IoT 보안 플랫폼 ADEPT 공개"
- 국가정보원 사이버안보센터 (2022). 사물인터넷 보안 가이드라인
- Nature Quantum Tech (2023). QKD Satellite-Based Secure Communication by China

| 토론 논제 16 | 빅데이터 |

| 토론 논제 | 제시한 자료를 바탕으로 빅데이터의 문제점과 장점을 파악하여 정리하고, 빅데이터의 문제점을 해결 할 수 있는 방법들을 창의적이고 과학적으로 제시하고, 이를 실제로 진행하는 데 더 효과적인 아이디어도 제시하시오. |

■ 토론개요서 : 빅데이터의 장점과 문제점 및 해결 방안

1. 주장 ; 빅데이터는 현대 사회의 핵심 자원이자 혁신의 원천이지만, 사생활 침해·데이터 편향·보안 위협 등 심각한 문제도 동반하고 있다. 이에 대한 해결책은 AI 기반의 익명화 기술, 공정성 알고리즘 개발, 양자암호 기반 보안 시스템등 창의적이고 과학적인 방식으로 접근해야 하며, 공공성과 기술의 균형이 중요하다.

2. 빅데이터의 개념과 특성

가. 정의 ; ● **빅데이터(Big Data)** 란 다양한 종류의 데이터를 대량으로 수집하고 분석하여 유의미한 정보를 도출하는 기술 및 환경

● 3V 특성 : ● Volume(양) : 방대한 데이터 | ● Velocity(속도) : 실시간 처리
● Variety(다양성) : 텍스트, 이미지, 센서, 음성 등 다양한 형태

나. 활용 분야

① 헬스케어 : 유전체 분석, 질병 예측 | ② 스마트 시티 : 교통 흐름 예측, 에너지 관리
③ 마케팅 : 소비자 행동 예측 | ④ 농업 : 작황 예측 및 스마트 농업
⑤ 기후 대응 : 대기·해양 데이터 분석으로 재난 예측

3. 빅데이터의 장점

① 의사결정의 효율성 향상 : 대규모 데이터 분석으로 기업·정부의 판단력 강화
② 개인 맞춤형 서비스 제공 : 소비자의 취향, 건강, 이동 패턴 기반의 최적 서비스
③ 신산업 창출 : AI, IoT, 스마트 팩토리 등 데이터 기반 산업 부흥
④ 공공 안전 및 감염병 예측 : 코로나19 동선 추적 등 질병 확산 예측 시스템

4. 빅데이터의 문제점

가. 개인정보 침해 ; ● 위치, 의료정보, 구매이력 등 민감한 정보가 노출되거나 상업적으로 남용
나. 데이터 편향 ; ● 잘못된 데이터가 학습되면 AI 차별유발 (예: 인종·성별 차별적 판정)
다. 보안 위협 ; ● 빅데이터를 저장·처리하는 클라우드 서버 해킹 가능성
● 딥페이크나 조작된 데이터로 인한 정보 왜곡
라. 데이터 독점 ; ● 구글, 아마존, 네이버 등 소수 기업에 데이터가 집중되어 정보 불균형발생

5. 문제 해결을 위한 창의적이고 과학적인 방안

가. AI 기반 데이터 익명화 기술 도입
- 사용자의 개인정보를 제거한 후에도 유의미한 데이터를 유지하는 딥러닝 기반 익명화 알고리즘개발
- 개인정보 없이도 분석 가능한 페이크 데이터(합성 데이터)생성 기술 활용

나. 공정성 알고리즘 개발
- AI 모델 학습 전, 데이터 내 성별·인종 등 편향 요소 자동 감지
- 설명 가능한 AI(XAI)도입으로 알고리즘 판단의 투명성 확보

다. 양자암호 기반 보안 체계 구축
- 기존 보안체계(SSL 등)의 한계를 뛰어넘는 양자 키 분배(QKD)기술 활용
- 데이터 전송 시 도청 불가능한 통신 환경 마련

라. 분산형 데이터 저장소 도입 (블록체인 기반)
- 중앙 서버가 아닌 다수 노드에 데이터 분산 저장
- 데이터 위조 및 해킹 불가 ⇒ 데이터 신뢰성 확보

마. 데이터 공유 플랫폼의 공공화
- 국가 또는 국제기구 주도로 공공 빅데이터 플랫폼 구축
- 데이터를 누구나 이용 가능하게 하되, 윤리 가이드라인에 따라 사용 제한

6. 실제 적용 가능한 효과적인 아이디어

▶ **"데이터 사용 인증서" 제도**
- 기업이나 기관이 빅데이터를 활용하기 전 AI 윤리 및 보안 기준 통과 여부 인증
- 정부가 감독 및 배포하여 사회적 신뢰 확보

▶ **AI 데이터 중재 위원회설립**
- 알고리즘의 편향 여부, 데이터 오용 사례를 독립적으로 검토
- 기업 및 공공기관의 데이터 윤리 준수 여부 평가

▶ **디지털 시민 교육 프로그램**
- 중·고등학교 및 성인 대상의 데이터 리터러시 교육 강화
- 데이터의 생성, 사용, 보호에 대한 사회적 감수성 제고

7. 결론 ;
- 빅데이터는 4차 산업혁명의 심장과 같지만, 그 영향력이 크기 때문에 기술과 윤리의 균형이 필수
- AI, 블록체인, 양자암호, 합성데이터등 최첨단 기술을 융합해 보안·프라이버시·공정성을 확보
- 사회 전체가 참여하는 지속가능한 데이터 생태계구축이 중요

■ 참고 문헌
- McKinsey Global Institute (2023), The age of analytics: Competing in a data-driven world
- KISTI (2024), 빅데이터 기술 동향 보고서
- MIT Technology Review (2023), Bias in AI: Solving the black box
- 한국인터넷진흥원 (2024), AI 알고리즘 공정성 및 빅데이터 보안
- IBM Research (2023), Quantum encryption and its future in data protection

토론 논제 17 최악의 폭염과 한파

> **토론 논제** 우리나라도 폭염과 한파에 대해서 갑작스럽게 다가오는 경우가 종종 있고 이를 위한 대책도 필요하다. 폭염과 한파로 인해 발생하는 문제들을 정리하고, 이런 문제로 인한 피해를 최대한 줄이기 위한 방법을 창의적이고 과학적으로 제안하시오.

1. 주장 ; 폭염과 한파는 단순한 계절현상을 넘어 생명과 산업, 사회 시스템에 큰 피해를 주는 기후 재난이다. 이에 대한 대응은 단순한 에어컨이나 보일러 사용을 넘어서 스마트 기술, 기후 예측 시스템, 친환경 도시 인프라 구축등 과학적이고 창의적인 대책이 필요하다.

2. 개념 정리 및 원인 분석
가. 폭염(Heat Wave)이란
- 33℃ 이상의 고온이 2일 이상 지속되는 현상(기상청 기준)
- 도심의 열섬현상과 기후변화로 인한 지구 평균기온 상승이 주요 원인

나. 한파(Cold Wave)란
- 전날보다 기온이 10℃ 이상 떨어지거나, 최저기온이 -12℃ 이하로 2일 이상 지속되는 경우
- 북극 한기의 남하와 제트기류 변화 등이 주요 원인

다. 최근 이슈
- 2023~2024년 겨울, 한파와 대설로 전국 정전 사고 발생
- 2023년 여름, 서울·대구 폭염으로 온열질환자 급증
- 엘니뇨·라니냐 현상과 기후변화가 한반도의 극한 기후를 더 자주, 더 강하게 만듦

3. 폭염과 한파로 인한 문제점
가. 보건 문제
- 온열질환(열사병, 열탈진), 저체온증, 심혈관계 악화
- 노인, 어린이, 기저질환자 등 취약계층 사망률 증가

나. 산업 및 농업 피해
- 공사 중단, 도로 아스팔트 팽창·균열
- 냉·난방 에너지 사용 급증 ⇒ 전력난 발생
- 농작물 피해 (폭염으로 고추·상추 고사 / 한파로 과일·채소 냉해)

다. 사회 인프라 마비
- 정전, 수도관 동파, 교통 마비, 건물 결로·균열
- 노숙인·저소득층 주거환경 악화

라. 환경 악화 ;
- 폭염 시 오존 농도 상승, 산불 발생 증가
- 한파 시 에너지 과소비로 온실가스 배출 증가

4. 과학적이고 창의적인 해결 방안

가. 스마트 폭염·한파 대응 인프라 구축
- 스마트 벤치·쉘터 : 온도 센서 내장형 벤치로 열 피난처 제공
- 지능형 버스정류장 : 냉난방 겸비, 자동 개폐형 유리, 온열매트

나. AI 기반 기후 예측 및 위험 알림 시스템
- 딥러닝 모델을 활용한 단기·중기 기후 예측 정확도 향상
- 개인 스마트폰·전광판에 자동 폭염/한파 경보 및 행동 지침 제공

다. 기후적응형 도시설계
- 쿨루프(Cool Roof) : 태양광 반사 지붕 재질로 실내온도 5~10℃ 감소
- 녹색지붕 및 수직 정원 : 미세기후 조절 및 단열 효과
- **지하열 에너지 저장 기술(Ground Source Heat Pump)**로 냉난방 효율화

라. 에너지 소비 최소화를 위한 기술
- 초절전 에어컨 및 히터 개발
- 스마트 그리드 시스템으로 지역별 수요에 따라 전력 자동 분배
- AI 기반 에너지 관리 시스템: 공공건물과 병원에 우선 적용

마. 사회적 대책 강화
- 노인복지센터, 어린이집 등 기후안전쉼터 확대 설치
- 저소득층·취약계층 대상 냉·난방비 지원 및 긴급 구조 시스템 운영
- 노숙인 지원용 이동식 온열버스, 이동형 쿨링존 도입

5. 실제 적용 가능한 창의적 아이디어

▶ **"폭염·한파 대응 마을 디지털 쉴드 시스템" 구축**
- 마을 단위로 기온 센서를 설치하고, 온도 변화에 따라 실시간 자동 알림 및 쉘터 운영
- 태양광 발전 + 스마트 IoT 쿨러/히터를 연동해 에너지 자립까지 가능

▶ **AI 기반 "기후 스트레스 점수" 앱 개발**
- 개인의 건강정보와 기후정보를 결합해 위험 점수 제공
- 점수에 따라 자동 알림 + 행동 요령 영상 제공

6. 결론 ; 폭염과 한파는 단순한 날씨를 넘어 생명과 인프라를 위협하는 기후재난이다. 전통적인 대응 방식에서 벗어나, AI·스마트시스템·에너지 기술을 융합한 새로운 방식으로 대응해야 한다. 과학기술과 사회복지가 융합된 탄력적 대응체계가 미래 재난을 막는 핵심이 될 것이다.

■ 참고 문헌
1. 기상청, 2023년 기후보고서
2. 한국환경정책평가연구원, 기후적응 도시설계 가이드라인, 2024
3. Science Advances (2023), Urban heat islands and their effect on extreme heat events
4. 한국에너지공단, 지능형 에너지 관리 시스템 구축사례 보고서, 2024
5. WHO, Climate change and health policy brief, 2023

토론 논제 18   화산폭발

토론 논제	만약에 한반도에 화산이 폭발한다면 어떠한 현상이 일어날지 예측하고 이를 해결하기 위한 방안을 과학적이고 창의적으로 제시하고, 또 화산 폭발을 통해 발생한 다양한 것들을 부가가치가 높은 것으로 활용할 수 있는 아이디어를 제시하시오.

■ 토론 개요서 : 한반도 화산 폭발 시 예측 현상과 과학적·창의적 대응 및 자원 활용 방안

1. 주장 ; 한반도에서 화산이 폭발할 경우 생명과 환경, 산업 전반에 큰 피해를 줄 수 있다. 이를 과학적으로 예측하고 피해를 최소화하는 방안뿐 아니라, 화산이 남긴 자원을 부가가치가 높은 자원으로 전환하는 창의적인 활용이 필요하다.

2. 배경 및 과학적 분석
가. 한반도 화산 가능성
- 대표적인 휴화산: 백두산
- 946년 백두산 밀레니엄 대폭발 ⇒ 20세기 최대 규모 화산 중 하나
- 최근 미세 지진, 가스 분출, 지하 마그마 상승 등 활동 징후 포착 _출처: 한국지질자원연구원, 2023

3. 한반도 화산 폭발 시 발생 가능한 현상
가. 직접적 피해
① 화산재 낙하 ; • 항공 마비, 호흡기 질환 증가, 태양빛 차단
② 용암 분출 및 화산탄 낙하 ; • 인근 지역 파괴, 산림 화재 발생 가능
                           • 화산성 홍수(Lahar) | • 눈과 얼음이 급격히 녹으며 진흙홍수로 변함
③ 지진 및 후속 화산 활동 ; • 건물 붕괴, 사회기반시설 마비

나. 간접적 피해
① 기후 변화 ; • 대기 중 이산화황 증가 ⇒ 기온 하강, 농업 피해
② 식량 및 생필품 공급 차질 ; • 도로·항공·철도 마비 ⇒ 공급망 붕괴
③ 정신적 트라우마 및 이재민 증가

4. 과학적이고 창의적인 대응 방안
가. 조기 경보 및 감시 체계 강화
- 드론 기반의 실시간 지형 관찰
- 위성+AI 융합 시스템으로 마그마 이동 추적
- 백두산 주변에 스마트 지진계, 가스 감지기 설치

나. 피난 인프라 및 행동 매뉴얼 구축
- 위험 지역별 스마트 피난 앱제공 (경로·위험도 실시간 안내)
- 가상현실(VR) 기반 화산 재난 체험 교육실시
- 방독 마스크·방재 가방 지급및 훈련 정기화

다. 기후변화 및 생태 대응 전략 수립
- 대기 중 이산화황 정화 위한 플라즈마 여과 기술개발
- 농작물 피해 최소화를 위한 수직농장지하 온실 농업 도입
- 야생동물 보호를 위한 생태대피소 구축

라. 스마트 재난 네트워크 구축
- IoT 센서 + 위성 + AI통합 재난 대응 플랫폼
- 전국민 참여형 재난 SNS 시스템 운영 (위치 기반 긴급 구조 요청 포함)

5. 화산 자원의 부가가치 활용 방안
가. 화산재 활용
① 친환경 건축자재 개발 ; • 화산재로 만든 콘크리트는 강도 높고 열 차단 효과 우수
  • 이산화탄소 저감형 제로에너지 건축에 적합
② 화산재 세라믹, 유리, 화장품 원료 활용 ;
  • 미세한 입자 구조 ⇒ 피부 각질 제거, 세라믹 필터 제조 가능

나. 온천 및 지열 활용
① 화산지형 온천 관광지 개발 ; • 헬스+관광 융합한 지열 헬스밸리조성
② 지열발전소 확대 ; • 화산지형의 열에너지 활용 ⇒ 탄소중립형 전력 생산

다. 화산지형 관광 및 교육 자원화
- 백두산·울릉도의 화산지형을 활용한 AR/VR 기반 교육 관광 콘텐츠 개발
- **"화산 생존 체험 센터"**로 안전+과학 교육 진행

6. 결론 ; 화산 폭발은 위기이자 기회다. 지속적 모니터링, 재난 대응 인프라 강화, 지열·화산재 활용 산업화를 통해 위기를 극복하고, 자연이 남긴 자원을 친환경 미래 기술로 승화시켜야 한다. 과학기술과 창의력의 결합이야말로 우리가 재난을 넘어서 도약할 수 있는 열쇠다.

■ 참고 문헌

1. 한국지질자원연구원, 백두산 화산 활동 감시 보고서, 2023
2. National Geographic, How volcanoes can cool the Earth, 2022
3. ScienceDirect, Volcanic ash as sustainable building material, 2023
4. 한국기상청, 자연재해 대응 매뉴얼, 2024
5. Nature Geoscience, Early warning systems for volcanic eruptions using AI, 2023

토론 논제 19 스마트그리드

토론 논제	스마트 그리드는 개인 정보가 유출 되는 문제뿐만 아니라 단순한 시스템 해킹만으로도 도시가 마비될 수 있다. 최근 사이버 공격 트렌드를 살펴보면 사이버 공격은 지금보다 더 큰 위협으로 작용하여 국가 안보적인 문제로까지 발전할 것으로 보인다. 스마트그리드의 이러한 문제점들을 분석하고 이를 해결하기 위한 창의적이고 과학적인 방안을 제시하시오. 그리고 스마트그리드의 단점을 오히려 장점으로 활용할 수 있는 아이디어도 제시하시오.

■ 토론 개요서: 스마트그리드 보안 문제 분석과 창의적 대응 방안

1. 주장 ; 스마트 그리드는 에너지 효율 향상과 친환경 기술의 핵심이지만, 사이버 공격에 매우 취약하다. 이에 대한 과학적이고 창의적인 보안 체계 구축과 함께, 단점을 장점으로 전환하는 역발상 기술 전략이 필요하다.

2. 스마트그리드란? ;
- 정의 : 전력 생산, 송전, 배전, 소비 전 과정을 ICT 기술로 제어하여 효율적으로 운영하는 차세대 전력망
- 구성요소 : 스마트 미터, 분산형 발전, 실시간 데이터 분석, 양방향 통신, AI 기반 수요 예측

3. 최근 사이버 보안 위협 사례 및 트렌드

가. 사례
① 2021 미국 Colonial Pipeline 랜섬웨어 공격: 석유 공급망 마비
② 우크라이나 전력망 해킹 (2015): 악성 코드로 대규모 정전 사태 발생
③ 대한민국 사이버공격 건수 급증: 2023년만 해도 국가 기반시설 대상 공격 42% 증가(출처: KISA)

나. 트렌드
① AI 기반 자동화된 공격증가, ② IoT 기기 해킹을 통한 연쇄 공격
③ 전력망의 디지털화가 국가 안보 위협 수준으로 부상

4. 스마트그리드의 주요 보안 문제
① 개인 정보 유출 ;
- 스마트 미터를 통한 실시간 생활 패턴 분석 가능 | • 해커가 거주자의 외출 시간까지 예측 가능

② 전체 전력망 마비 위험 ;
- 단일 진입점 공격으로 도시 전체 정전 유발 가능
- 병원, 철도, 군시설 등 중요 기반시설에 치명타

③ 데이터 조작 및 전력 도둑질 ; • 요금 조작, 불법 에너지 사용 감지 어려움

5. 과학적이고 창의적인 보안 대책

가. 양자암호통신 기술 도입
- **양자 키 분배(QKD)**를 통해 정보 탈취 불가한 암호 시스템 구축
- 이미 한국전력은 2024년 일부 시범망에 적용 시작

나. AI 기반 이상 감지 시스템(IDS)
- 비정상적인 에너지 사용 패턴이나 통신 흐름을 실시간 감지
- 딥러닝 기반으로 자가 학습하며 공격 탐지 정확도 상승

다. 블록체인 기반 에너지 거래 시스템
- 전력 거래 데이터 위변조 방지
- 분산 저장 방식으로 중앙 집중형 서버 해킹 불가

라. 디지털 트윈 기반 위기 시뮬레이션
- 사이버 공격 발생 시 가상환경에서 영향 예측 | • 실제 전력망에 미치는 영향을 최소화

6. 스마트그리드의 단점을 장점으로 활용하는 아이디어

▶ **위협을 활용한 보안 강화 모델**
- 사이버 위협 시뮬레이션 데이터를 AI 학습 자료로 활용
- 매 공격이 시스템 자가학습의 기회가 되어 보안이 강화됨

▶ **해킹 위협을 기반으로 한 에너지 자급 시스템 발전**
- 스마트그리드 마비 대비용 소형 독립형 태양광/배터리 시스템보급
- 비상 시 가정·기관에서 자가 발전+저장+배분이 가능

▶ **에너지 사용 패턴 빅데이터의 역활용**
- 개인정보 이슈 대신, 비식별화 기술과 결합해
- 범죄 예방(외출 패턴 분석), • 도시 교통 관리 최적화, • 에너지 빈곤층 식별 및 지원 자동화

7. 결론

스마트그리드는 미래 에너지 시스템의 핵심이지만, 보안 없이는 위기요소가 될 수 있다.

양자 암호, AI, 블록체인, 디지털 트윈 등 첨단 기술을 통해 시스템 전반을 방어형에서 자율 회복형으로 전환해야 한다.

또한, 단점을 활용한 보안학습 및 에너지 자립 아이디어는 미래 국가 에너지 안보의 핵심 무기가 될 것이다.

■ 참고 문헌 및 출처

1. 한국인터넷진흥원(KISA), 「2023 사이버 위협 분석 보고서」
2. 한전 전력연구원, 「양자암호 기반 전력망 보안 기술 연구」, 2023
3. Nature Communications, Quantum key distribution in energy infrastructure, 2022
4. IEEE Spectrum, Smart Grid Cybersecurity Trends, 2023
5. 한국전력공사, 스마트그리드 추진현황 및 비전 보고서, 2024

| 토론 논제 20 | 건물붕괴 위험사고 |

| 토론 논제 | 안전사고가 인재로 인해서 발생하는 일이 자주 일어나고 있는 가운데 특히 건물 붕괴로 인한 피해 사례가 종종 있다. 건물 붕괴 사례들을 조사하고 이를 해결하기 위한 안전 수식 및 과학적인 해결방안을 제시하시오. |

■ 주제 : 건물 붕괴 안전사고 사례 분석과 과학적·수학적 해결 방안 제시

1. 주장 ; 최근 건물 붕괴 사고는 대부분 **인재(人災)**에 의한 것이며, 이를 과학적 기술과 안전 수식 기반의 관리 시스템을 통해 예방할 수 있다. 따라서 건물의 구조 안전성을 정기적으로 점검하고, 인공지능(AI) 및 센서 기술을 적극 활용해야 한다.

2. 문제 상황과 원인 분석
가. 주요 건물 붕괴 사고 사례

① 2022년 광주 화정아이파크 붕괴 사고 ;
- 콘크리트 타설 부실, 시공 순서 미준수 ｜ • 사망자 6명, 수백 명의 주민 대피

② 995년 삼풍백화점 붕괴 ;
- 불법 증축과 하중 계산 미흡, 부실 자재 사용 ｜ • 502명 사망, 한국 최악의 인재 중 하나

③ 2021년 미국 마이애미 콘도 붕괴 사고 ;
- 바닷물 침투로 인한 기초 구조물 부식 ｜ • 98명 사망, 노후된 구조물 관리 부실

나. 공통 원인
- 하중 계산 오류, 구조적 안전수식 무시 ｜ • 부실 시공, 자재 하자, 무리한 증축
- 유지보수 미흡, 안전관리 체계 부재 ｜ • 지반 침하 및 기후 변화로 인한 구조물 약화

3. 과학적 해결 방안 및 안전 수식 활용
가. 구조공학적 안전 수식 기반 설계 및 점검
1. 기초 구조 수식: 하중-응력-강도

⇨ ⇨ ⇨

1. **기초 구조 수식: 하중-응력-강도**
   - 건물 하중 계산식:
     $\sigma = \frac{F}{A}$ (응력 = 하중/단면적)
   - 안전계수(Safety Factor)를 반드시 적용:
     안전계수 = $\frac{허용응력}{실제응력} \geq 1.5 \sim 2.0$

2. **모멘트와 지지력 계산**
   - 모멘트(M):
     $M = F \times d$ (힘 × 거리)
   - 구조물의 휘어짐, 균열 등을 예측하여 보강 설계 가능

3. **기초 지반력 수식 적용**
   - 기초 침하 예측:
     $s = \frac{q \cdot B \cdot (1-\nu^2)}{E}$ (지반 침하량 예측)

나. 첨단 기술을 활용한 과학적 해결 방안

① AI 기반 건물 상태 예측 시스템 ; • 머신러닝으로 과거 사고 데이터를 분석해 붕괴 위험도 자동 예측
• 구조물 센서(균열/기울기/진동 감지) 연동

② IoT 센서 네트워크 ; • 콘크리트 강도 측정 센서, 온도·습도 모니터링 센서 실시간 부착
• 모바일 앱을 통해 실시간 건물 이상 알림

③ 드론·로봇 활용 정밀 점검 ; • 사람이 접근하기 힘든 고층이나 지하 공간을 드론과 점검 로봇으로 분석
• AI 비전 기술로 균열, 부식, 누수 등 자동 인식

④ 디지털 트윈(Digital Twin) 기술 ; • 실제 건물과 똑같은 가상 시뮬레이션을 실시간 연결
• 붕괴 가능성을 사전 예측하고 보수 시기 판단

4. 창의적인 예방 아이디어

- **건설 안전 블록체인** : 시공 기록을 조작 불가한 블록체인에 저장하여 부실시공 방지
- **스마트 헬멧 시스템** : 건설 노동자 헬멧에 센서를 부착해 진동, 기울기 감지 시 경고
- **건축물 패스포트 제도** : 건물의 '건강기록부'처럼 정기 안전 점검 내역을 QR코드로 제공

5. 기대 효과 ;
• 인명 피해 최소화 및 시민 신뢰도 상승 |
• 장기적으로 건물의 수명 연장 ⇒ 유지보수 비용 절감 | • 한국형 스마트 안전 관리 시스템 수출 가능

■ 참고 문헌 및 출처 ; 1. 국토교통부, 「건축물 안전관리 강화 방안」, 2023, 2. 대한토목학회, 「구조공학 기초 이론과 수식」, 3. 한국재난정보학회, "붕괴사고 사례 및 예방기술 연구", 2022, 4. NASA, Digital Twin for Infrastructure Safety, 2023, 5. 건설안전학회, "AI·IoT를 활용한 건축물 붕괴 예방 시스템 연구", 2023

토론 논제 21   조류 충돌 사고

토론 논제: 최근 이상기후로 인한 기상 악화로 인해서 항공기 사고가 늘어나고 있고, 더불어 조류 충돌 사고로 인한 항공기 사고로 인명피해가 발생했다. 이런 문제들을 해결하기 위한 과학적인 방안을 제시하시오.

■ 주제 : 이상기후와 조류 충돌로 인한 항공기 사고 문제의 과학적 해결 방안

1. 주장 : 기후 변화와 생태 환경 변화로 인해 항공기 사고 위험이 증가하고 있다. 특히 이상기후로 인한 난기류와 조류 충돌(Bird Strike)문제는 인명 피해로 이어질 수 있는 심각한 위협이다. 이를 과학적이고 창의적인 기술로 해결하는 것이 필요하다.

2. 문제 상황과 원인 분석

가. 이상기후로 인한 기상 악화
- 지구온난화로 제트기류와 열대성 폭풍 경로 변화
- 항공기의 연료 효율, 비행 안정성 저하
- 난기류(Turbulence), 번개, 돌풍, 뇌우 등의 빈도 증가
- 실제 2023년엔 난기류로 인한 중상 사고가 전년 대비 30% 이상 증가 (출처: IATA)

나. 조류 충돌(Bird Strike) 문제
- 공항 주변 생태계 변화로 인해 조류 서식 범위 확대
- 비행 중 조류와의 충돌로 엔진 정지, 유리 파손, 이륙 지연 등 발생
- 대표적 사례: 2009년 '허드슨강의 기적'(미국 US Airways 1549편) - 캐나다기러기 충돌로 엔진 정지

3. 과학적이고 창의적인 해결 방안

가. 이상기후 대응 기술
① AI 기반 기상 예측 시스템 고도화
- 위성 + 레이더 + 기내 센서 데이터를 통합해 실시간으로 기류 변화 예측
- AI가 난기류 발생 가능 구간을 자동 탐지하고 항로 수정 안내

② 지속가능한 항공 연료(SAF)와 기체 경량화
- SAF 사용으로 기후 변화의 원인인 온실가스 감축 ⇒ 악천후 가능성 완화
- 탄소섬유 복합소재 활용으로 기체 무게 감소 ⇒ 악천후에서 안정성 증가

③ 디지털 트윈 기반 항공 훈련 시스템
- 기상 재현 훈련을 디지털 환경에서 시뮬레이션
- 조종사의 기후 대응 능력 향상

나. 조류 충돌 방지 기술

① AI·레이더 기반 조류 감지 및 추적 시스템
- 공항 인근에 고해상도 레이더 + 머신러닝 알고리즘도입
- 조류 이동 패턴을 실시간으로 분석하여 이착륙 스케줄 자동 조정

② 소리 및 레이저를 활용한 유도 시스템
- 특정 파장의 소리 또는 레이저로 조류를 서서히 멀리 유도
- 사람 귀에는 들리지 않는 주파수를 사용해 소음 피해 없음

③ 생태적 방지책: 조류서식지 전환
- 공항 인근 생태계 조성 시 조류가 멀리 이동하도록 유도하는 토지 디자인 적용
- 조류 유인을 피하기 위한 쓰레기 관리, 농작물 배치 제한

④ 드론 기반 항공로 정찰 시스템
- 이륙 전 드론으로 비행경로를 사전 스캔, 조류나 장애물 존재 여부 자동 분석

4. 단기 및 장기 전략

구분	단기 대응	장기 전략
이상기후	AI 기반 기상 감지 시스템, 조종사 재교육	SAF 도입 확대, 기후예측 정밀도 향상
조류 충돌	레이저, 초음파 시스템, 드론 순찰	레이더 기반 조류 이동 데이터 축적 및 생태계 조정

5. 기대 효과

- 항공 안전성 강화: 사고 위험 감소, 항공편 지연 최소화
- 인명 피해 감소: 항공기 안정성 증가, 조종사 대응능력 향상
- 환경과 조화된 항공 산업: 지속가능한 연료 사용 + 생태 보존 기술

6. 결론

이상기후와 조류 충돌로 인한 항공 사고는 앞으로 더욱 빈번해질 가능성이 크다.

따라서 AI, 레이더, 드론, SAF, 생태 설계등 다양한 과학 기술을 융합한 대응책 마련이 필수적이다. 이런 문제를 기회로 삼아, 한국이 항공 안전과 기술혁신 분야에서 선도국이 될 수 있다.

■ 참고 문헌 및 자료

1. 국제항공운송협회(IATA), "2023 Global Air Safety Report"
2. 국토교통부, "조류 충돌 및 공항 안전 관리 방안", 2023
3. NASA, AI-powered turbulence prediction system, 2022
4. Boeing Research, "Bird Strike Prevention Using Radar & AI", 2023
5. Journal of Sustainable Aviation, "Impact of SAF on Climate Mitigation", 2022

토론 논제 22	오픈AI(챗gpt)

토론 논제	오픈AI는 무엇이며 오픈AI를 사용할 때의 장점과 단점에 대해 쓰고, 앞으로 오픈AI가 사회에서 이용될 때의 미래 상황을 설명해보시오. 그리고 이때 생기게 될 문제 상황을 쓰고 이를 과학적으로 해결할 방안에 대해서 논하시오.

■ 주제 : 오픈AI란 무엇이며, 장점과 단점은 무엇인가?
오픈AI가 사회에서 이용될 때 생길 미래 문제와 과학적 해결 방안은?

1. 서론 - 오픈AI란 무엇인가?

- 오픈AI는 인공지능(AI) 연구소이자 기업으로, 인류 전체의 이익을 위한 안전하고 강력한 인공지능 개발을 목표로 2015년 설립됨.
- 대표적인 기술로는 자연어 처리 모델인 ChatGPT, 이미지 생성기인 DALL·E, 코드 생성기 Codex등이 있음.
- 오픈AI는 사람처럼 언어를 이해하고 생성하는 인공지능을 통해 교육, 의료, 과학, 예술, 산업 등 다양한 분야에서 변화를 일으키고 있음.

2. 본론 ① - 오픈AI 사용의 장점과 단점

➡ 장점

분야	설명
교육	개인 맞춤형 학습 지도, 질문 응답, 언어 번역 등 가능
의료	의료 데이터 분석, 진단 보조, 신약 후보 물질 탐색 등
과학 연구	논문 요약, 데이터 해석, 실험 설계 지원 가능
산업	자동화, 고객 응대, 마케팅 콘텐츠 생성 등 효율성 향상
예술·창작	시나리오, 그림, 음악, 영상 생성 등 창의성 보조 가능

➡ 단점

문제	설명
정보 오류	잘못된 정보 생성 가능성, 가짜 뉴스 생성 우려
편향성	학습 데이터에 기반한 차별적 응답 발생 가능
윤리 문제	창작물 표절, 인간의 창의성 대체에 대한 논란
일자리 위협	단순 지식노동 대체 ⇒ 실업 문제 심화 우려
사생활 침해	프롬프트나 대화 내용의 유출 위험

3. 본론 ② - 오픈AI의 미래 활용 가능성

- 정책과 행정 : 법률 초안 작성, 정책 제안 시뮬레이션
- 재난 대응 : 기후 예측, 긴급 대피 경로 분석
- AI 교사/의사/비서 : 일상생활 전반에 걸쳐 '디지털 조력자'로 발전
- 로봇 기술과 융합 : 자율주행, 의료 로봇, 서비스 로봇 등에서 실시간 의사결정 가능

4. 본론 ③ - 미래의 문제 상황과 과학적 해결 방안

▶ **문제 상황 1: AI가 조작된 정보(딥페이크, 가짜뉴스 등)를 대량 생산하여 사회 혼란 초래**
- 해결 방안 :
  - 블록체인 기반 AI 생성 정보 추적 기술도입
  - AI 식별 워터마크 삽입 및 자동 감지 알고리즘 개발
  - 팩트체크 AI와 크로스 검증 시스템 도입

▶ **문제 상황 2: AI 의존으로 인간의 사고력·창의성 저하**
- 해결 방안 :
  - AI와 협업하는 문제해결형 교육 방식(PEBL, Project-based learning)강화
  - 창의성과 비판적 사고 중심의 AI 리터러시 교육 도입

▶ **문제 상황 3: 개인정보 유출 및 프라이버시 침해**
- 해결 방안 :
  - 연합학습(Federated Learning)기술 도입 ⇒ 데이터는 로컬에 보관, 학습만 공유
  - 개인정보 익명화(AI differential privacy) 강화

▶ **문제 상황 4: 일자리 대체로 인한 사회 불평등 확대**
- 해결 방안 :
  - AI 산업 내 노동 전환 교육 시스템마련 (재교육 프로그램 + 직업 상담 AI)
  - AI세(AI tax)를 통한 기본소득 모델 실험

5. 결론 - 책임 있는 AI 활용을 위한 제언

- 오픈AI는 인류에게 편리함과 혁신을 주는 도구지만, 무분별한 사용은 심각한 사회적 부작용을 낳을 수 있음.
- 따라서 과학적이고 윤리적인 규제, 교육, 기술 보완이 병행되어야 하며, 인간 중심의 AI 발전 방향 설정이 필수임.
- 미래 사회에서는 오픈AI가 보조자이자 조력자로 자리 잡고, 인간의 창의성과 결합할 때 진정한 발전이 이루어질 것임.

| 토론 논제 23 | 배양육 |

| 토론 논제 | 배양육은 전통적인 축산업을 대체할 수 있는 지속 가능한 식량 자원인가? |

○ [찬성 입장] 배양육은 지속 가능한 식량 자원이다

1. 환경적 지속 가능성 (과학적 근거)
- 전통 축산업은 **세계 온실가스 배출의 약 14.5%**를 차지함 (FAO, 2013).
- 배양육은 CO_2, 메탄, 아산화질소 배출량이 현저히 적음. → Oxford University (2011)연구: 배양육은 온실가스 배출을 **최대 96%**까지 줄일 수 있음.
- 토지 사용량은 최대 99%, 물 사용량은 **96%**까지 줄어듦.

2. 식량 안보에 기여
- 기후 변화로 인해 전통 농축산업이 취약해지고 있음.
- 배양육은 도시형 식량 생산 시스템으로 전환 가능 → 식량 공급 안정성 강화.
- 식물성 기반 배양 배지(PBS, plant-based serum)를 통해 윤리적이고 대량 생산이 가능한 공정개발 중.

3. 동물복지 향상
- 도축 없이 고기 생산 가능 → 비윤리적 축산, 공장식 사육 문제 해소.
- 세포 한 번 채취로 수천 톤의 고기 생산 가능.

4. 과학기술 융합의 진보
- 줄기세포, 조직공학, 생물반응기 기술 등 최첨단 생명공학 기술이 결합된 식품 생산.
- 기능성 배양육 가능: 콜레스테롤 감소, 오메가-3 강화 등 맞춤형 건강 식품 개발 가능.

찬성 측 대체 방안 제안

● 배양육의 기술적 한계를 보완하면서 지속 가능한 식량 시스템을 구축하려면 다음을 병행해야 함:

① 식물성 대체육과의 병행 개발 → 콩, 완두, 균류 기반 단백질과 배양육의 하이브리드 제품 개발로 비용과 영양을 최적화.

② 스마트 농업 기반 식량 체계 → AI 기반 농장, 수경재배, 로봇 자동화를 통해 식물성 식량과 단백질 확보.

③ 폐열 활용 배양 공정 개발 → 열병합 발전소 등에서 나오는 폐열을 활용한 에너지 효율적 배양시설 구축.

④ 생물공학 기반 대체 단백질 → 곤충 배양, 미세조류, 효모 기반 단백질 생산기술과의 통합적 단백질 전략.

✘ [반대 입장] 배양육은 축산업을 완전히 대체할 수 없다

1. 에너지 효율과 환경 문제 재검토 (과학적 근거)
- 2021년 UC Davis 연구에 따르면, 일부 배양육 생산 방식은 전통 소고기보다 CO_2 배출량이 더 높을 수도 있음.
- 고온 유지, 세포 배양기 가동 등에서 막대한 전력 소모 → 재생에너지 도입 없이는 오히려 역효과.

2. 영양 구성과 건강 문제
- 자연 고기에는 복잡한 미세영양소와 조직 구조가 포함됨. 배양육은 근섬유만 생산되기 쉬워, 자연 고기와 영양 균형이 다를 수 있음.
- 면역 반응 유발 가능성: 배양액 잔류물, 화학첨가물, 미생물 오염 가능성 있음.

3. 기술 상용화와 비용 문제
- 2025년 기준, 배양육 생산 단가는 일반 소고기보다 3~10배 이상 높음.
- 세포 배양 배지 가격이 가장 큰 문제 → FBS(소태아혈청) 대체 배지 개발에 난항.

4. 사회·문화적 수용성
- '인공 고기'에 대한 소비자 불신, 전통 식문화 거부감 존재.
- 전통적인 가축 산업은 지역 공동체와 농촌 경제 유지에 핵심 역할을 함.

반대 측 대체 방안 제안

● **전통 축산을 전면 폐기하지 않고 과학적으로 개선하여 지속 가능성과 윤리성을 확보하는 전략 :**

① 탄소중립 축산 기술 개발 → 메탄 저감 사료, 가축 장내 미생물 조절, 정밀 사육 기술 도입.
② 복합 농업 시스템 → 가축과 작물을 함께 기르는 순환형 농업 시스템으로 폐기물 최소화.
③ 방목 중심의 친환경 축산 장려 → 공장식 사육에서 벗어나 저밀도 방목 및 지역 전통 축산 보존.
④ 곤충 단백질 활용 확대 → 귀뚜라미, 밀웜 등 고효율 저자원 단백질원을 사료 및 인간 소비용으로 활용.

결론적으로

- 찬성 측은 첨단 과학 기술 기반의 배양육이 기후 위기와 식량 문제를 해결할 핵심 대안이라고 보고, 다양한 기술 융합 전략을 병행하자고 제안함.
- 반대 측은 기술적 한계, 환경적 역효과, 비용과 문화적 문제를 근거로 전통 축산의 과학적 개혁과 대체 단백질 전략을 주장함.

토론 논제 24 인공지능과 기후영향

토론 논제	

	[논제1] 각 산업 분야가 2030년까지 설정한 탄소배출 감축 목표와, 인공지능(AI)을 활용할 경우 기대되는 탄소배출 감축률을 비교한 것이다. 특히 AI를 적용했을 때 탄소배출 감소 효과가 클 것으로 예상되는 산업중 하나인 소매 산업또는 유틸리티 산업중에서 하나를 선택하라.
	  1. 선택한 산업의 특성과 탄소배출과의 연관성을 간단히 설명하라.
	  2. 그 산업에서 AI가 탄소배출을 증가시킬 수 있는 원인 2가지와
	  3. AI가 탄소배출을 줄이는 데 기여할 수 있는 방식 2가지를 근거를 들어 설명하라.
	[논제2] 인공지능(AI) 기술이 환경에 미치는 영향에 대해, 긍정적인 관점과 부정적인 관점중 하나를 선택하라. 선택한 입장을 중심으로 아래의 논리 구조를 따라 자신의 주장을 정리하라.
	  1. 주장: AI가 환경에 어떤 영향을 미친다고 보는가? 명확하게 입장을 밝히기
	  2. 근거: 해당 주장을 뒷받침할 수 있는 구체적인 사례나 논리, 데이터 등을 제시하기
	  3. 반론: 반대 입장에서 제기할 수 있는 의견이나 문제점을 소개하기
	  4. 보강: 반론에 대한 자신의 입장에서의 반박 또는 해명
	  5. 정교화: 전체 내용을 통합하고 확장하여 자신의 주장을 더 넓은 관점에서 정리하기

주제 : 인공지능(AI)은 산업 현장에서 탄소배출을 줄이기 위한 핵심 기술로 활용되고 있으며, 특히 유틸리티 산업에서 그 효과가 크게 기대된다. 이에 따라 AI의 환경에 대한 영향은 전반적으로 긍정적이라 평가할 수 있다.

Ⅰ. 도입: 주제 소개 및 문제 제기

- 기후변화 대응을 위한 탄소배출 감축은 전 세계적인 과제
- 인공지능은 다양한 산업에서 탄소 감축 도구로 주목받고 있음
- 특히 유틸리티 산업(전력·가스·수도 등)에서 AI의 탄소배출 감축 기여도가 크다는 분석이 존재
- 그러나 동시에, AI 자체의 에너지 소비가 환경에 부정적 영향을 미칠 수 있다는 논쟁도 존재
  → 이에 따라, AI의 긍·부정적 환경 영향 모두를 분석하고, 궁극적으로 AI가 환경에 미치는 영향을 평가하고자 함

Ⅱ. 유틸리티 산업 설명 및 AI의 영향 분석 (논제 1 중심)

1. 유틸리티 산업의 특징

- 전력, 가스, 수도 등 기반 에너지 공급을 담당
- 에너지 생산·유통 과정에서 막대한 탄소 배출발생
- 신재생에너지와 AI 기반 시스템이 결합될 경우, 효율적 관리 가능

2. AI가 탄소배출을 증가시킬 수 있는 요인 (2가지)

① 데이터 센터의 전력 소비 증가
- AI 모델 학습과 운영에는 대량의 전기가 필요 → 전력 생산 과정에서 탄소 배출

② 비효율적 알고리즘 및 과잉 대응
- AI가 수요를 과대 예측하면 불필요한 전력 생산유도 → 낭비로 인한 배출 증가

3. AI가 탄소배출을 감소시킬 수 있는 요인 (2가지)

① 스마트 그리드 운영 ; • 실시간 전력 수요 예측 및 분배 최적화를 통해 에너지 낭비 감소

② 설비 고장 예측 및 예방 정비 ; • AI 기반 예측 정비로 효율적 운용 가능, 과도한 에너지 소비 방지

Ⅲ. AI의 환경 영향에 대한 입장: 긍정적

1. 주장
- 인공지능(AI)은 에너지 절감, 자원 효율성 향상 등 환경 문제 해결에 긍정적으로 기여하는 기술이다.

2. 근거 (긍정적 사례 및 논리)

① AI 기반 에너지 효율화 ;
- 스마트 그리드, 자동 조명·냉난방 제어 시스템 등에서 에너지 절약효과 입증

② 환경 보호를 위한 응용 확대
- 해양 생태 보호, 산불 감지, 탄소 배출 모니터링 등 환경 대응 시스템에 AI 활용

3. 반론
- AI의 확산은 데이터 센터의 전력 소비 증가로 이어지며, 이는 오히려 탄소 배출 증가를 초래할 수 있음.

4. 보강
- 하지만 최신 데이터 센터는 태양광·풍력 등 친환경 에너지를 활용하고 있으며,
- AI의 활용으로 전체 시스템의 효율이 향상됨에 따라 장기적으로는 순 탄소배출이 감소

5. 정교화
- 인공지능은 단기적으로는 전력 사용 증가 등의 부담이 있으나,
- 장기적으로 에너지 최적화, 자원 효율 향상, 기후 대응 자동화를 통해
- 지속가능한 친환경 미래 구축에 핵심 역할을 할 것으로 기대됨

Ⅳ. 결론
- AI는 유틸리티 산업을 포함한 여러 산업에서 탄소 감축의 촉진제로 기능할 수 있으며,
- AI 기술의 책임 있는 활용과 친환경 인프라의 결합이 이뤄진다면,
- 환경에 미치는 순 영향은 분명히 긍정적이라고 판단할 수 있다.

Realsoup영재아카데미
〈 5회 특강 진행 방식 〉

	수업계획	내용	과제
1차시	다양한 주제정리 자료분석 및 정리 개요서 작성	탐구토론대회 소개 다양한 논제에 대한 개요서 작성 방향 작성 논제 및 문제해결 방안 근거 자료 찾기 자료 분석 요령 연습 개요서 작성 요령 연습 피드백 및 개요서 작성	자료 분석 요약 이슈 3가지 요약 및 생각 정리해오기 기출문제 개요서 작성
2차시	주제 및 자료 분석 자료 검색 및 정리 개요서 정리 발표문 완성	다양한 논제 분석 개요서 작성 내용 검증 자료 찾기 관련 자료분석 창의적인 문제 해결방안 피드백 및 개요서 작성	자료 분석 요약 이슈 3가지 요약 및 생각 정리해오기 기출문제 개요서 작성
3차시	주제 및 자료 분석 자료 검색 및 정리 개요서 정리 발표문 완성	자료 분석 요령 연습 창의적인 문제 해결방안 작성 훈련 및 근거 자료 찾기, 개요서 작성	자료 분석 요약 이슈 3가지 요약 및 생각 정리해오기 기출문제 개요서 작성
4차시	작성한 개요서 정리 및 완성 발표문 완성 및 발표 연습 모의 토론 연습	대회 실전 대비 기출 & 예상 주제 이용한 개요서 쓰기 및 발표 & 모의 토론	기출문제 개요서 작성 자료분석 요약 예상 질문 및 답변 정리 근거자료정리
5차시	토론 전략 훈련, 모의 토론 및 피드백	대회 실전 대비 기출 & 예상 주제 이용한 개요서 쓰기 및 발표 & 모의 토론	기출문제 개요서 작성 자료분석 요약 예상 질문 및 답변 정리 근거자료정리